Contraste insuffisant
NF Z 43-120-14

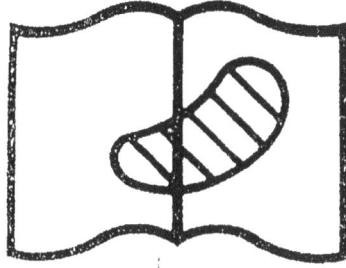

Illisibilité partielle

Valable pour tout ou partie
du document reproduit

Couvertures supérieure et inférieure
en couleur

Gve CLÉMENT-SIMON

LE PROTESTANTISME ET L'ÉRUDITION

DANS LE PAYS BASQUE

AU COMMENCEMENT DU XVIIe SIÈCLE

JACQUES DE BÉLA

BIOGRAPHIE ET EXTRAITS DE SES ŒUVRES INÉDITES

PARIS

HONORÉ CHAMPION, LIBRAIRE

9, QUAI VOLTAIRE

1896

JACQUES DE BÉLA

EXTRAIT

DU BULLETIN DE LA SOCIÉTÉ DES SCIENCES, LETTRES ET ARTS DE PAU

2ᵉ SÉRIE — TOME XXIV — 1894-1895.

G^{ve} CLÉMENT-SIMON

LE PROTESTANTISME ET L'ÉRUDITION

DANS LE PAYS BASQUE

AU COMMENCEMENT DU XVII° SIÈCLE

JACQUES DE BÉLA

BIOGRAPHIE — EXTRAITS DE SES ŒUVRES INÉDITES

PARIS

HONORÉ CHAMPION, LIBRAIRE

9, QUAI VOLTAIRE

1896

IMPRIMERIE-STÉRÉOTYPIE GARET

J. EMPÉRAUGER, IMPRIMEUR

PAU

✠

LE PROTESTANTISME ET L'ÉRUDITION

DANS LE PAYS BASQUE

AU COMMENCEMENT DU XVIIᵉ SIÈCLE

JACQUES DE BÉLA

I

Jacques de Béla, dans sa longue et laborieuse existence, a beaucoup songé à la postérité qui ne l'a pas payé de retour. Le nom de ce grand travailleur, de cet écrivain infatigable ne figure dans aucune de nos Biographies générales. La *France Protestante* qui a recueilli avec un soin pieux tous les souvenirs laissés par les moindres notoriétés de la religion réformée a oublié cet adepte de marque qui fut des plus ardents dans sa foi, qui joua un rôle important dans son parti et fut, par lui ou les siens, étroitement mêlé à tous ses succès comme à toutes ses souffrances. Il est vrai que ses jours s'écoulèrent dans une petite province, à l'extrémité du royaume, et qu'il dépensa son activité et son intelligence sur un très modeste théâtre : sa vie n'en fut pas moins bien remplie, consacrée aux affaires publiques, au culte passionné de la science ; sa mémoire méritait de rester moins obscure.

La vicomté de Soule (partie du Pays Basque, qui forme aujourd'hui l'arrondissement de Mauléon, Basses-Pyrénées) constituait sous l'ancien régime une minuscule province, enclavée entre la Basse-Navarre et le Béarn. Elle avait une physionomie, des coutumes, des mœurs qui, jusqu'en 1789, ne s'étaient pas fondues dans le caractère français. La famille de Béla tient une grande place dans son histoire, notamment depuis le xvie siècle qu'elle succéda à l'antique maison de Chéraute dont elle était issue par les femmes [1].

1. — La maison de Chéraute remontait sa filiation directe à En Bernad, seigneur de Chéraute en 1297, nommé cette année arbitre avec En Goilard, évêque d'Oloron, En Arameus Arnaud, seigneur de Laas, châtelain de Mauléon, Bernard de Béla et autres, par Marguerite, comtesse de Foix, vicomtesse de Béarn et Miramonde, vicomtesse de Mauléon, pour régler les frontières de Béarn et de Soule. — Le vice de paillardise, nous apprend Jacques de Béla, causa l'extinction et la ruine de cette maison. Roger du Domec de Chéraute, dernier mâle de la race d'En Bernad, poussé par la passion, attaqua à main armée Pierre d'Irigaray, son rival, le tua, puis s'enfuit en Navarre, en l'an 1542. Il fut poursuivi par contumace, condamné à mort et à de fortes amendes par le Parlement de Bordeaux. La terre noble du Domec de Chéraute fut saisie et adjugée sur criées à Jean de Fleix, receveur des amendes, saisir-faisant. Mais un parent de Roger, Arnaud d'Ohix, exerça le retrait lignager et en vertu d'une sentence, rendue en 1549, Jean de Fleix dut lui revendre le domaine au prix coûtant. La seigneurie de Chéraute, aux portes de Mauléon, la première de Soule, était convoitée par une puissante famille du pays qui descendait aussi des vieux Chéraute et dont un des membres était très avancé dans la faveur du Roi et de Diane de Poitiers. Bernard de Ruthie, abbé de Pontlevoy et grand aumônier de France, pressa Jean d'Ohix de lui abandonner son acquisition au profit de son neveu Tristan de Ruthie. Repoussé dans ses efforts, il fit intervenir de hautes influences pour atteindre son but d'une façon détournée. M. du Lude, lieutenant-général de Guienne, manda d'Ohix à Bordeaux et, assisté des principaux officiers du Parlement, le força, pour ainsi dire, à rétrocéder le Domec au prix coûtant à la duchesse de Valentinois. Cette grande *faiseuse d'affaires* se prêta à la combinaison et quelque temps après livra, sous couleur de retrait lignager, la terre et le château à l'abbé de Pontlevoy qui lui délaissa en échange le château et la terre de Cheverny près Blois. Les Ruthie devinrent ainsi seigneurs de Chéraute. Mais de tels actes étaient sujets à critique et ils furent plus tard annulés à la requête de Gérard de Béla et de Catherine de Johanne, sa femme, tous deux parents de Roger de Chéraute. Après un long procès, le retrait lignager fut définitivement prononcé à leur profit par arrêt du 4 mars 1588. (Pièces originales. Papiers de Béla. — Papiers d'Oihénart à la Bibliothèque Nationale.)

Elle professa la religion réformée pendant plusieurs générations et Jacques de Béla et son frère aîné Isaac, à la suite de leur père, Gérard de Béla, furent très en vue dans les troubles religieux des xvie et xviie siècles. Jacques de Béla n'a eu qu'à puiser dans ses souvenirs personnels pour consigner sur ses *Tablettes* beaucoup de curieux renseignements concernant cette période.

Gratian de Béla, père de Gérard, aïeul d'Isaac et de Jacques, était catholique, comme la très grande majorité des habitants de Soule. Il fut syndic général de sa province et exerçait en 1550 les fonctions de substitut du procureur général du Roi. Claude Régin, évêque d'Oloron, fuyant les persécutions de Jeanne d'Albret, prit asile dans la maison de Gratian de Béla, à Mauléon, et s'y cacha longtemps[1].

Gérard de Béla, né en 1550, garda la religion de son père durant sa jeunesse. Il subit sans doute, plus tard, avec beaucoup d'autres souletins, l'influence de la reine de Navarre, qui ne recula pas devant les moyens énergiques pour faire adopter son culte à ses sujets et à leurs voisins immédiats[2]. Peut-être aussi le mariage contracté par Gérard de Béla fut-il la principale cause de son affiliation au protestantisme. Il épousa, en 1577, Catherine de Johanne, fille de Jean de Johanne, lieutenant-général de robe longue au pays de Soule, conseiller du Roi en sa chancellerie de Navarre et secrétaire d'État de la reine Jeanne d'Albret. Jean de Johanne s'était allié lui-même à une famille protestante et Jacques de Béla se glorifie de ce que son sang huguenot remontait dans la ligne maternelle jusqu'à Pierre de Majorali, son bisaïeul, « personnage très vénérable en son temps[3] ». Quoiqu'il en soit, Gérard de Béla était encore catholique en 1577, lorsqu'il fut pourvu par Henri III de la charge de bailli royal de Soule. Il est dit dans ses provisions que cette faveur lui est accordée entre autres considérations pour « le gratifier des pertes et bruslement de ses maisons

---

1. — *Histoire des Basques*, par le Chevalier de Béla. Manuscrit de mes archives.

2. — *Tablettes de Béla*, au mot PRINCE.

3. — *Tablettes de Béla*, au mot NATION.

assises au lieu de Mauléon et qui luy furent faicts lors du voyage du feu comte de Montgomméry, chef des huguenots, l'an 1569[1] ».

Après son mariage et la mort de son père, Gérard embrassa ouvertement le parti du roi de Navarre. Jean de Belsunce comme gouverneur et lui comme lieutenant-général et bailli, furent dans la Soule ses deux agents les plus dévoués et les plus actifs. Gérard s'engageait ainsi dans une existence de tribulations et de lutte, mais il resta désormais inébranlable dans la voie qu'il avait choisie. Au mois de juillet 1585, Henri III promulgua un édit portant en substance « que ceux de la Religion allassent à la messe ou sortissent, sous six mois, du royaume de France[2] ». Gérard de Béla, en sa double qualité de bailli et de « potestat juge-jugeant[3] » s'opposa à l'enregistrement de cet édit par la Cour de Licharre, mais il ne put l'empêcher et se refusant à abjurer il fut obligé d'abandonner sa charge et de s'expatrier à Jasses, en Béarn, sur les terres d'Henri de Navarre. Il laissait sa femme enceinte et c'est pendant l'exil de son père que Jacques de Béla naquit à Mauléon, le 15 février 1586, « jour à moy désastré, dit-il, et année d'affliction à ceux de ma religion réformée professée par mon bisayeul, ayeul et père et mère et par moy, Dieu mercy ». Il ajoute : « Le lendemain de ma naissance et la terre estant couverte de neige, jusqu'aux sangles des chevaux, on me porta à estre baptisé et à demeurer (comme je fus allaité et tenu près d'un an) au lieu de Jasses en Béarn[4] ». Mais son père le ramena l'année suivante à Mauléon. En effet, le roi de

1. — Pièce originale. Papiers de Béla.

2. — *Tablettes* aux mots : CONCERNE et MESCONTENS. — L'édit de juillet fut suivi au mois d'octobre de la même année d'un édit plus rigoureux réduisant à quinze jours le délai accordé aux protestants pour se convertir. Presque tous les souletins de la religion s'expatrièrent alors en Béarn.

3. — La justice était administrée en Soule par deux tribunaux, le baillage de Mauléon (celui de Barcus ne fut créé que postérieurement) et la Cour de Licharre qui était le tribunal de droit commun. Les potestats étaient les propriétaires des maisons nobles, au nombre de dix, primant toutes les autres et portant le titre de potestaterie. Les potestats et, à leur défaut, les autres nobles terre-tenant, avaient le privilège d'être juge-jugeant en la Cour de Licharre, présidée par le châtelain de Mauléon ou son lieutenant de robe longue.

4. — *Tablettes*, au mot BÉLA.

Navarre comme lieutenant-général en Guienne, ordonna à Jean de Belsunce et à Gérard de Béla, tous deux dépossédés, l'un comme gouverneur et l'autre comme bailli de se rétablir dans l'exercice de leurs charges, au besoin par la force. En vertu de cette commission ils levèrent des troupes et le 2 février 1587 attaquèrent la ville de Mauléon, en chassèrent Charles de Luxe qui s'était emparé du gouvernement. Gérard de Béla se réintégra comme bailli et fut nommé lieutenant-général sous Belsunce gouverneur, mais les catholiques beaucoup plus nombreux et plus influents que les réformés ne cessèrent de mettre obstacle à son administration. Il s'attira d'ailleurs leurs ressentiments par les mesures qu'il dut prendre par ordre du gouverneur contre les plus récalcitrants [1]. Dans le jeu des partis qui dura jusqu'à la paix de Vervins, il fut tantôt au pouvoir, tantôt évincé et persécuté. Durant les fureurs de la Ligue, sur les plaintes de ses ennemis, il fut même décrété de prise de corps et incarcéré en 1593, comme usurpateur de fonctions. Henri IV, monté sur le trône, l'avait pourtant maintenu sous sa protection par une série de lettres-patentes dans lesquelles il déclarait que tout ce qui était reproché au gouverneur et au bailli de Soule avait été fait

1. — Ces faits résultent de diverses lettres-patentes délivrées par Henri de Navarre, d'abord comme gouverneur pour le roi en Guienne, puis comme roi de France. Voici un extrait des premières, données l'année même de la prise de Mauléon : « Henry, par la grace de Dieu, Roy de Navarre, seigneur souverain de Béarn, premier prince du sang, premier pair de France, gouverneur, lieutenant général et admiralh pour le Roy en Guyenne. — Nous aurions ci-devant commandé au sᵉ de Belsunce, gouverneur de la ville de Mauléon, pays et vicomté de Soule, de se saisir de sond. gouvernement que le sᵉ de Luxe occupoit contre les édits de pacification cy-devant faicts... S'estant remis le deuxiesme de febvrier dernier passé en sond. gouvernement, il auroit faict exercer la justice tant par luy, lorsqu'i x eeté sur les lieux, que par nostre cher et amé Mᵉ Geral de Belac, juge bailli royal de la ville de Mauleon, pays et visconté de Soule, et lieutenant de robe longue dud. sᵉ de Belsunce en la cour de Lixarre; néantmoings la cour de Parlement de Bourdeaus et sénéchal de Lanes au siège présidial d'Acqs auroint, en hayne de la religion et de la prinse dud. chasteau, donné aucuns arretz et sentences par lesquelz ilz auroint cassé les jugemens et procédures desd. Belsunce et Bela... » En conséquence Henri de Navarre confirme les pouvoirs du gouverneur et de son lieutenant et règle leurs attributions en matière civile et criminelle. Fait à Pau le 23ᵉ jour de novembre 1587. Signé : Henry. (Pièce originale. Papiers de Béla.)

sous son aveu et par ses ordres et défendait à qui que ce soit d'en connaître[1]. Mais le roi n'était pas encore obéi dans tout son royaume, et le Parlement de Bordeaux persistait dans les terribles rigueurs que l'on connaît contre les huguenots. Malgré la sauvegarde royale, Gérard de Béla dut tenir prison quelques jours et jusqu'à ce qu'il se fut justifié[2]. Il jouit ensuite paisiblement de son office de bailli[3].

La biographie de Jacques de Béla a été, pour ainsi dire, écrite par lui-même. Nous l'empruntons pour presque tous les détails à ses *Tablettes* et à ses papiers de famille. Les mémoires du Chevalier de Béla, son arrière-petit-fils, écrivain fécond comme lui, nous fourniront le surplus.

Les deux frères Isaac et Jacques eurent une éducation très soignée. Après avoir reçu les premières leçons en famille, sous la direction du ministre entretenu à Chéraute par son père, Jacques fut placé au collège de Lescar pour y faire ses études classiques. Il les termina à l'âge de dix-sept ans. La passion de la lecture et une merveilleuse mémoire s'étaient montrées chez

1. — Ces lettres, signées à Mantes le 6 juillet 1591, reproduisent avec plus de détails les faits relatés dans les précédentes et se terminent ainsi : Scavoir faisons que nous, pour ces causes et considérations .. avons confirmé, ratiffié et approuvé et de noz certaine science, pleine puissance et auctorité royalle, confirmons, ratiffions et approuvons lad. administration de justice et jugemens par eulx donnés (par Belsunce et Béla) ensemble l'imposition de deniers et autres actes d'hostilité par eulx faicts pour la conservation de lad. place et pays et tout ce qui pourroit s'en estre ensuivy... comme ayant le tout esté faict par nostre exprès commandement et le bien de nostre service. (Pièce originale. Papiers de Béla.)

2. — L'interrogatoire de Gérard de Béla a été publié par M. de Jaurgain dans sa monographie : « Les Châtelains de Mauléon » *(Revue des Basses-Pyrénées*, 1884.)

3. — Menauld d'Arraing, cousin germain de Gérard de Béla, était lieutenant-général civil et criminel lors de la prise de Mauléon par Belsunce. Il s'enfuit en Espagne et sa charge vacante fut donnée par le roi de Navarre à Gérard de Béla. Il la reprit en 1593 par arrêt du Parlement de Bordeaux mais Béla en appela au Grand-Conseil. Le 22 décembre de la même année, à Tours, les deux cousins transigèrent amiablement sur leur différend. D'Arraing délaissa l'office de lieutenant-général à Béla qui lui céda sa charge de bailli et s'obligea à lui payer une pension annuelle de cent livres. (Pièce originale. Papiers de Béla.) Cependant, cet accord fut rompu et d'Arraing resta lieutenant-général.

lui dès l'enfance. Voici d'assez curieux renseignements qu'il nous a laissés à ce sujet :

« L'an mil six-cens-trois, moy Béla estant escholier au collège de Lescar en Béar, il y vint un personnage escossois, nommé Macole, lequel y fist des merveilles, au moyen de cet art de mémoire qu'il nous baptisa memnologie *(id est habitum retinendi quæ semel intellectus percepit).* Il redisoit les mesmes paroles du prescheur qu'il avoit ouy ce jour là en chère. Item des leçons de théologie et philosophie qu'il y ala entendre, et ayant mis ainsi en admiration les docteurs et professeurs dud. collège. Et les escholiers qui y estions, ambitieux d'honeur et désireux d'apprendre, le priasmes de nous enseigner le dit art de mémoire, à quoy il adhéra à condition que nous luy payassions un escu par moys. Et ainsy nous fict quelques leçons dud. art, environ un mois durant (leçons que j'ay en un traité à part); il nous exortoit à attention et remarque exacte de ses enseignemens ; et au bout du moys me choisit pour faire l'essai de l'efficace de ses leçons.

» Et ainsy ayant prins en main Justin l'historien, leut en présence de la compagnie des dits escholiers et d'autres des principaux du dit collège *ad aperturam libri,* la vie de Comodus l'empereur, histoire que je répétai soudain mot à mot ; et ensuite, encore, au premier rencontre de l'ouverture du livre, le dit sieur Macole me leut une quarantaine des distiques du sixième livre de l'Æneide de Virgile et je les répétai soudain. Il me dit en après sept-cens mots hétérogènes et je les luy redis incontinent mot par mot du commencement de son ordre jusqu'à la fin d'iceluy et puis de la fin jusqu'au commencement ; et moy estant enquis quel estoit le 3, le 15, le 11, le 17, le 2, le 20, le 29, le 60, le 55, etc. des dits mots, je les lui cotois comme en les lisant et ma cotation fut vérifiée et trouvée bonne par ceux qui avoient en escrit, en main, les dits mots avec leurs nombres. — Mais pour ce que le dit art travaille grandement la mémoire ordinaire et naturelle et essore l'entendement au faict des autres affaires, moy, ayant plus d'intérêt à me conserver en mes mémoires et entendement naturels l'idée des dits autres affaires, j'ay obmis de pratiquer ni exercer la dite memnologie ou mémoire artificielle, sans que je m'en sois plus servy que lorsqu'en l'an 1606 je passai mes degrés en doctorat en droit à Thoulouze, où je fis mes leçons et en la salle des études et en l'archevesché devant monsieur de Calmels, chancelier de l'Université, et nombre de docteurs d'icelle Université, sous les auspices de monsieur Cabot, un d'iceux, mon parrin pour la dite occurence ; où je fis mes propositions et repétai les objections et argumens qu'ils m'opposarent es mesmes mots qu'ils les disoient ; et m'en desmélai par mes responses avec tant d'asseurance que si je n'eusse fait que lire des livres ; occasion qu'on me passa *una voce*, comme si j'eusse esté un grand docteur quoique je ne feusse pas bon escholier. Mais aussi au partir de là, et le soir mesme de mon second examen au dit archevesché, je tumbais si fort malade d'une fièvre lente accompagnée de lienterie qu'il tint à peu que je n'en mourusse ; raison pour quoy j'ay laissé en repos le dit art de mémoire. Du depuis et sans les règles du dit art, je me suis trouvé au greffe dicter en un instant une requeste à l'escrivain d'icelle, un mandement exécutorial à un autre et un plaidoyer dans un acte judiciaire [1]. »

Dans l'antiquité, Jules-César faisait encore mieux puisqu'il dictait à trois secrétaires à la fois dans des langues différentes et de notre temps le pâtre Inaudi a montré une mémoire plus prodigieuse. On ne peut donc taxer de gasconnades, si invraisemblables soient-ils, les tours de force mnémoniques de Jacques de Béla. Il faut regretter, toutefois, à titre de curiosité, que le traité qu'il avait dressé et dans lequel étaient révélés les secrets. de cet art ne nous soit pas parvenu.

Il fit donc ses études juridiques avec succès et fut reçu docteur *utriusque juris* à l'âge de vingt ans. Nous avons, *in extenso,* le discours en latin qu'il prononça pour sa soutenance dans la salle de la Chancellerie [2]. Les jeunes gens qui se destinaient au barreau ou aux charges de justice complétaient leur éducation par une sorte de tour de France et le nouveau docteur ne rentra à Mauléon qu'après avoir visité plusieurs Parlements et suivi leurs audiences pour se former. Il s'établit dans sa ville natale comme avocat, mais sa religion lui créa d'abord des obstacles.

1. — *Tablettes,* au mot Mémoire.
2. -- Dans un autre de ses manuscrits : l'*Inventarium juris.*

Ayant voulu prendre siège, en sa qualité, au Parquet de la Cour de Licharre, les avocats postulants à la dite Cour s'opposèrent à sa réception et quittèrent tous l'audience par manière de protestation. Le cours de la justice fut quelques jours interrompu. « Il y fallut de la façon, ajoute Béla, pour me faire recevoir en leur matricule [1]. » On voit comment l'édit de Nantes était observé six ans à peine après sa publication. Cependant le jeune avocat s'imposa par son talent et devint bientôt le jurisconsulte le plus employé du pays.

Quelques années après (le 3 mai 1614), il se mariait avec une jeune fille de la meilleure noblesse de la Basse-Navarre, Jeanne d'Arbide de la Carre, dont la filiation remontait à Juan Henriquez de la Carre, tué à la bataille de Beolibar en 1321, lequel était fils naturel reconnu d'Henri Ier, roi de Navarre.

Cette brillante union fut déterminée, semble-t-il, par le sentiment plutôt que par les convenances des deux familles. Gérard de Béla ne l'approuvait pas complètement. Jacques nous raconte ingénument comment il devina les sympathies de Mademoiselle de la Carre. « La privauté discrète, dit-il, attire des conséquences inopinées. Ainsy ma femme, à moy Béla, à qui je n'avois parlé jamais auparavant, me gagna le cœur par une privauté courtoise, touchant secrètement de son coude le mien (nous étions assis l'un près de l'autre) pour m'advertir ainsy ne prendre d'elle, au jeu du Malcontent, auquel en bonne compagnie passions le temps, la carte qui m'auroit esté désagréable. De la sorte, Métella parvint au mariage de Sylla au moyen de ce qu'elle, passant au lieu où il se tenoit assis, s'appuya légèrement sur l'épaule de Sylla [2]. »

Les deux futurs n'appartenaient pas à la même religion et le jeune et ardent huguenot dut se soumettre à célébrer son mariage à l'église. Quand l'amour seigneurie (c'est son expression) il fait taire tous les scrupules. Jacques nous a laissé, en prose et en vers, d'expressifs témoignages de sa passion printanière (et sa poésie, il faut le dire, n'a pas le même élan que son amour), mais il nous apprend en même temps que sa conscience fut sou-

1. — *Tablettes*, au mot BÉLA.
2. — *Tablettes*, au mot PRIVAUTÉ.

vent troublée par le remords d'avoir sacrifié, dans cette circonstance, sa conviction à son sentiment. Il ajoute même qu'il était tenté de considérer les tribulations qui affligèrent sa vie comme une juste punition de cette faiblesse[1]. Sa vie fut en effet traversée par des épreuves.

Dans son contrat de mariage, son père lui avait fait don de la charge de bailli royal pour en jouir après sa mort. Cette échéance arriva en 1633, mais il rencontra encore l'opposition des catholiques. L'exercice des fonctions de judicature lui fut interdit par arrêt du Parlement de Bordeaux, il ne put jamais avoir la possession tranquille de son office et finalement fut obligé de le transmettre à son fils. Il fait à ce sujet ces réflexions moroses :

« Feu mon père jouit de l'office de bailli de Mauléon durant cinquante ans sans contredit de personne et après sa mort, moy son résignataire et qui avois déboursé le droit annuel, durant vingt-neuf ans auparavant, de mes propres deniers, et ay despendu beaucoup pour en jouir, n'ay jamais peu en avoir la possession paisible durant dix-sept ans que je l'ay questée et attendue, et dès le temps que je m'en suis desmis envers Belaspect mon fils ayné il en a esté et est maistre paisible[1]. » D'autre part, la différence de religion, peut-être aussi de caractère et d'habitudes entre cet homme de cabinet et sa compagne d'éducation plus raffinée et d'humeur mondaine (épouse de l'incirconcision du cœur, ainsi qu'il la nomme[2]), introduisit à la longue certains dissentiments dans le ménage. Les *Tablettes* nous apprennent qu'il ne fut pas toujours très uni et très heureux.

Dès l'année de son mariage, Jacques de Béla était devenu à la suite de divers actes, seigneur de la maison noble d'Othegain qui lui conféra la qualité de potestat juge-jugeant à la Cour de Licharre et l'entrée aux États de la province. Il succéda bientôt après à la maison dite de Mounes, comme héritier testamentaire de Catherine d'Ohix sa tante, veuve de noble Pierre d'Aspis,

1. — *Tablettes*, au mot BÉLA.

2. — *Tablettes*, au mot TEMPS.

3. — « Comme celles de Juda, fils de Jacob, de Job et de Moyse l'estoient. » *Tablettes*, au mot BÉLA.

capitaine. C'est dans cette maison que fut établi, à ses frais, le temple de Mauléon qu'il entretint durant sa vie et qu'il dota par son testament [1].

Les persécutions supportées par son père et qui s'étendirent jusqu'à lui (et même plus tard jusqu'à son fils Bélaspect) avaient attaché plus étroitement Jacques de Béla à sa religion, mais l'avaient éloigné de tout rôle agressif et violent. Il proclame souvent dans ses *Tablettes* ses principes invariables sur ce point : Tout ce qui vient de la force est odieux, les doctrines religieuses ne doivent combattre que par l'exemple et un sage prosélytisme : pour lui, il ne participera jamais à aucune voie de fait. Nul n'est plus affermi dans sa foi, il se montre d'une exaltation mystique, son zèle irait jusqu'au martyre mais l'action lui répugne et il estime que le triomphe de l'idée n'est pas déterminé par des moyens humains... « Il ne faut pas, dit-il, se précipiter dans les troubles de l'Église... estant lamentablement vérifié que ceux qui se meslent indiscrètement de remédier aux désordres qui y adviennent, se précipitans es flammes qui s'y allument, les augmentent plus tost qu'ils ne les esteignent et se bruslent plus tost eux mesmes qu'ils n'aydent autruy... J'ayme mieux me plaindre de loin de tel feu que d'en aller remuer le brazier mal à propos, non que j'y craigne ou regrette mes cendres si elles pouvoient ou l'estouffer ou le couvrir, mais je vois qu'il s'accroist davantage par les factions [2]. » C'était un philosophe, non un lutteur, un esprit contemplatif, « un grand songeur » comme il se nomme lui-même ; il abhorrait par dessus tout la violence même au service du droit et de la vérité. Ce

1. — Son frère aîné, Isaac de Béla-Chéraute, potestat de Chéraute, syndic élu de la noblesse de Soule depuis l'âge de 27 ans jusqu'à sa mort (de 1612 à 1660), capitaine d'une compagnie de cent hommes d'armes des milices de Soule, professa aussi la religion réformée. Il entretenait un pasteur à ses frais dans sa maison noble de Chéraute et par son testament il constitua une rente de 300 livres pour ce ministre et ses successeurs. André de Béla-Chéraute son fils embrassa le catholicisme. En récompense de ses services militaires, la seigneurie de Chéraute fut érigée sur sa tête en baronnie, par lettres-patentes du roi Louis XIV, datées du mois de mai 1679, enregistrées en Parlement à la Réole le 11 juillet suivant.

2. — *Tablettes*, au mot PRÉCIPITER.

naturel explique sa conduite dans une grave circonstance où il
mécontenta fortement ses coreligionnaires. En 1620, les Calvinistes de Béarn, résistant à l'édit qui ordonnait le rétablissement
de la religion catholique et la main-levée des biens ecclésiastiques, avaient formé le projet de s'emparer à main armée de la
ville de Navarrenx. Ils voulaient s'aider de l'influence de
Jacques de Béla en Soule et lui proposèrent imprudemment de
se mettre à leur tête pour cette entreprise. L'ouverture le
révolta. Tous ses sentiments allaient contre une telle machina-
tion qui devait ensanglanter la contrée, sans parler de l'aversion
et de la jalousie que tout bon souletin nourrissait alors contre
les Béarnais. Non seulement il repoussa cette offre mais il
somma ceux qui la lui faisaient de renoncer à leur projet, leur
déclarant qu'il se tournerait contre eux plutôt que de laisser
s'allumer la guerre civile. Comme ils persistaient dans leurs
préparatifs, il se demanda, avec anxiété, quel était son devoir.
Son humanité, sa sagesse le lui montrèrent, il n'hésita plus.
Arnaud de Maytie, évêque d'Oloron, son proche parent [1], personnage considérable, avait l'oreille de la Cour. Sans se porter
délateur, sans nommer personne, il lui signala le péril, en
confidence, l'invitant à le conjurer par des moyens préventifs.
Le prélat en avertit aussitôt les ministres du Roi, alors à Bordeaux,
et fut mandé immédiatement auprès d'eux. Les explications
qu'il fournit décidèrent le voyage, encore en suspens, de
Louis XIII en Béarn [2]. Béla ne reçut et n'entendait recevoir
aucune récompense pour le service qu'il avait rendu. Il assista
comme simple particulier à la visite du roi venant s'assurer de
Navarrenx et y mettre un nouveau gouverneur. Il loue la modé-
ration et la bonhomie de Louis XIII et nous rapporte même que
voulant se montrer vrai fils du Béarnais, il rassurait le peuple
en lui criant par une fenêtre dans l'idiome local : « *N'ajat po,
n'ajat po* » (n'ayez crainte) [3], 18 octobre 1620.

---

1. — Madeleine de la Carre, sœur de Jeanne, avait épousé Pierre
Arnaud de Maytie, chevalier de Saint-Lazare, mais les Béla et les Maytie
étaient parents d'autre part.

2. — Manuscrits du chevalier de Béla. *Mémoire aux États, sur les
services rendus au pays de Soule par la maison de Béla.*

3. — *Tablettes*, au mot CONJURATION.

Rentré à Pau, le Roi publia un édit par lequel la Basse-Navarre et le Béarn étaient réunis à la Couronne. Le Conseil souverain de Béarn fut transformé en Parlement et les justices de Saint-Palais et de Mauléon y furent rattachées. Jacques de Béla fut chargé par les États de Soule et les officiers de justice de rédiger au nom du pays une protestation contre cette mesure. Il s'acquitta de la mission dans un savant mémoire, se rendit à Paris pour le présenter au Conseil du Roi et soutint si remarquablement les droits et privilèges de sa province que la mesure la concernant fut rapportée par un arrêt du 30 juin 1622 [1]. La Soule fut maintenue dans le ressort du Parlement de Bordeaux et l'ancien état de choses ne subit de modification que soixante ans plus tard par la volonté absolue de Louis XIV.

L'auteur du mémoire prouva bien que l'intérêt de son pays primait chez lui toute autre considération. L'argument qu'il développa avec le plus de force, lui, huguenot dans l'âme, c'est que la grande majorité des Souletins étant catholiques, il serait injuste de les placer sous la juridiction des magistrats béarnais, la plupart protestants. Il est curieux de le voir soutenir avec insistance que les Basques catholiques ne trouveraient aucune garantie d'impartialité près de juges adversaires des maximes et de la police de l'Église romaine, spécialement en matière des « appellations des évêques et de leurs officiaux et affaires purement spirituelles, comme sont les mariages, réformation des mœurs et administration des sacremens [2] ». La vieille rivalité et l'antipathie des deux peuples ravivées par les dernières guerres étaient mises en avant, un habile parallèle était établi entre les Souletins, soumis et fidèles, dont la valeur supérieure au nombre avait toujours fait respecter la frontière de France et les Béarnais turbulents et versatiles qui avaient plus d'une fois agité le royaume. Il y aurait autant d'imprudence que d'injustice

1. — *Services de la maison de Béla.* Cet arrêt du Conseil, cité par le chevalier, statuait seulement sur les appellations du pays de Soule qui étaient maintenues au Parlement de Bordeaux. C'était une mesure de provision. D'après l'*Histoire des Basques*, du même auteur, la réunion de la Soule au Parlement de Pau fut annulée par arrêt du Conseil d'Etat du Roi du 13 mai 1626 et par arrêt du Parlement de Guienne du 19 mai 1630.

2. — *Histoire des Basques.*

à placer la Soule dans la dépendance d'un voisin de caractère si différent. On risquait de voir ses bons sentiments s'affaiblir d'abord par le mécontentement, puis se corrompre par l'exemple [1]. Un autre motif de la requête était d'ordre plus pratique. Il consistait à dire que le rapprochement de la Cour supérieure développerait l'esprit processif qui était entravé par l'éloignement du Parlement de Bordeaux. Et la prévision se vérifia. La justice en Soule était comme patriarcale, elle était le plus souvent remise à des arbitres, se rendait parfois dans la rue, sous un arbre ; les litiges s'éteignaient devant la première juridiction. Lorsqu'on put porter l'appel à quelques lieues, au Parlement de Pau, le goût de la chicane se développa grandement, les procès ruinèrent cette petite contrée [2].

Plusieurs fois encore, cet avocat qu'on avait tenté d'éloigner de la barre, dont on ne voulait pas pour bailli, contribua à maintenir les antiques prérogatives de sa patrie. En 1642, le Roi, pour faire de l'argent, vendit son domaine de Soule à Arnaud de Peyré, plus connu sous le nom de comte de Tréville, le fameux capitaine des mousquetaires. Les trois États du pays protestèrent contre cette aliénation qui plaçait les sujets du Roi sous la seigneurie directe d'un homme porté très haut par la faveur mais dont l'origine modeste rendait la suprématie plus difficile à supporter [3]. Les États proposèrent même au Roi de lui donner gratuitement, afin de rentrer dans sa seigneurie, la somme qui devait être payée par Tréville et ils l'empruntèrent à cet effet. Leur requête ne fut pas accueillie. Mais les officiers royaux, qui perdaient du même coup leur qualité, eurent un meilleur succès, par l'intervention de Jacques de Béla. Leurs remontrances, dont il fut le rédacteur, déterminèrent un arrêt spécial du Conseil qui déclara leurs judicatures royales en chef et maintint les officiers dans l'immédiate sujétion du Roi [4].

---

1. — *Histoire des Basques*.
2. — *Histoire des Basques*.
3. — **Tréville était fils d'un marchand d'Oloron. V. Menjoulet, *Chronique d'Oloron*, t. II, p. 261, et la curieuse et savante notice de M. de Jaurgain, sur *Troisvilles, d'Artagnan et les trois mousquetaires*.
4. — *Tablettes*, au mot CHANGEMENT.

Il ne cessa de défendre le droit public, les franchises, les coutumes locales, patrimoine alors si cher et si précieux. Voici qui prouve, en même temps que son zèle, ses sentiments de justice et d'humanité. En l'année 1662, un particulier de Béarn avait tué son beau-frère. Les parents du meurtrier prétendaient qu'il était atteint de folie, mais le lieutenant de robe longue (Jacques de Brosser) le condamna, après information sommaire, à être pendu.

La potence dressée, le bourreau sur les lieux, on était allé au château prendre le criminel, quand Jacques de Béla, auquel les parents du condamné avaient présenté requête en sa qualité de juge-jugeant, prit sur lui d'ordonner qu'il serait sursis provisoirement à l'exécution, attendu que remontrances allaient être adressées au Parlement au sujet de l'irresponsabilité du meurtrier. Le procureur du Roi et le lieutenant n'osèrent passer outre. L'affaire portée au Parlement de Bordeaux, la Cour confirma l'ordonnance du juge, prescrivit une enquête et envoya un conseiller pour y procéder. La folie fut reconnue, l'arrêt du lieutenant cassé et le criminel inconscient eut la vie sauve [1]. Jacques de Béla avait alors soixante-seize ans.

On peut rapprocher ce trait d'une aventure de sa jeunesse dont nous résumons le trop prolixe récit. Au temps où Belsunce était gouverneur et Gérard de Béla lieutenant et bailli, Jacques avait un jour accompagné au château de Mauléon son père mandé avec les autres magistrats pour une communication urgente. Il apprit ainsi que le gouverneur requérait l'arrestation immédiate, pour crime d'inceste, de Me Jean de Ramat, chirurgien de la ville. La poursuite pouvait entraîner une condamnation capitale. Jean de Ramat était, paraît-il, un ennemi de Belsunce, obéissant dans la circonstance à son ressentiment, mais il était des amis de la famille du jeune Béla. L'enfant [2] résolut de le sauver. Malgré les difficultés, le château était fermé et entouré de sentinelles, il réussit par son industrie à faire avertir le prévenu qu'il devait fuir à l'instant avec sa complice. Du haut du

1. — *Services de la maison de Béla.*
2. — Il ne pouvait avoir plus de neuf ans, Belsunce étant mort en 1595.

rempart, il chargea un homme qui apportait du vin aux soldats de faire la commission. Lorsque, une heure après, les sergents se présentèrent avec les décrets· de prise de corps, Jean de Ramat s'était déjà échappé avec sa nièce qu'il épousa du reste plus tard[1]. Si l'on eut permis à Jacques de Béla de remplir sa charge de bailli, il semble d'après ces deux faits qu'il n'aurait pas marqué par une extrême sévérité. Son caractère se peint plus complètement dans les nombreux ouvrages sortis de sa plume. Nous en reparlerons.

Il mourut le 23 mai 1667, ayant dépassé quatre-vingt-un ans. On a conservé longtemps au château de Chéraute une pierre tombale sur laquelle étaient inscrits ces mots : CI-GIT JACQUES DE BÉLA QUI MOURUT EN DISANT : FIAT VOLUNTAS TUA. D'après une constante tradition de famille, il avait en effet rendu le dernier soupir en prononçant ces paroles de l'Oraison dominicale. Cette pierre a disparu depuis une trentaine d'années. Quelque maçon illettré l'aura brisée pour en employer les morceaux.

La nombreuse lignée de Jacques de Béla ne fut pas sans illustration. Il eut sept enfants parmi lesquels : Salomon, dit de Bélaspect, bailli royal de Mauléon qui suivit la religion réformée et fut aussi persécuté pour ce motif ; Philippe, dit de Bélapoey, tige de la branche de Béla-Othegain ; Athanase, dit de Bélapeyre. Celui-ci fut catholique et prêtre. Vicaire général et official de l'évêque d'Oloron pour la Soule, il eut de vifs démêlés avec son évêque, Charles de Salettes, et se maintint dans ces dignités, contre l'agrément de ce prélat, par autorité du Parlement. C'était un homme d'énergie et de grande instruction. Tant qu'il vécut, il empêcha la suppression de l'officialité de Soule qui fut détruite après sa mort, au grand désavantage du pays[2]. Il a publié le premier catéchisme en langue basque. Il avait laissé aussi d'importants mémoires historiques, cités par divers écrivains mais qui paraissent perdus[3].

1. — *Tablettes*, au mot NÉCESSITÉ.
2. — *Histoire des Basques.*
3. — Dans son testament, en date du 10 mars 1693, que j'ai en original, il charge son neveu Jean de Bélagrace, étudiant en théologie, de faire imprimer ces mémoires qu'il désigne ainsi : « Une histoire et bonnes remarques sur la nation basque et le présent pays de Soule. » Il parle aussi de son Catéchisme basque auquel son évêque avait tou-

Philippe de Bélapoey, officier dans sa jeunesse, blessé dans les guerres d'Italie où un de ses frères fut tué, rendit de son côté de signalés services à sa contrée natale. De cette branche provint au siècle suivant Théodore de Béla, chambellan du roi de Pologne, duc de Lorraine et de Bar, créé comte par ce souverain, et qui eut une grande réputation de bravoure, d'élégance et d'esprit. On le surnommait le comte Charmant[1]. Son frère puîné, Jeanne-Philippe, chevalier de Béla, marqua par ses brillants services militaires, fut brigadier général des armées du Roi, colonel du Régiment Royal-Cantabre, etc. Écrivain fécond comme son bisaïeul, ses travaux historiques et d'économie sociale sont aussi restés inédits quoique tous les chroniqueurs du pays basque y aient puisé à pleines mains[2].

Un frère consanguin des précédents n'a pas moins de titres à être honorablement mentionné. Jean de Béla-Lassalle quitta sa province dès sa jeunesse et se fixa à Paris où il mourut en 1775. Par son testament du 8 août de cette année, il légua aux États de Soule la propriété des rentes perpétuelles qu'il possédait sur les aides et gabelles, à l'effet de fonder à Mauléon des écoles d'éducation pour la jeunesse du pays. Ces rentes, au capital de 300.000 livres, étaient d'un revenu brut de 11.226 livres et, à raison de la retenue du quinzième faite par le Roi, d'un revenu net de 10.467 livres en chiffres ronds. L'acceptation de cette magnifique libéralité fut autorisée par le Roi ; on s'occupa avec

jours refusé son approbation à cause de leur dissidence. — Ce dernier ouvrage, imprimé à Pau en 1696 est décrit dans l'ouvrage de M. Louis Lacaze : *Les imprimeurs et les libraires en Béarn,* p. 160. Pau, 1884. — Le *Catéchisme basque* est devenu fort rare.

1. — Mort en 1773. Le chanoine-poète de Saulx a adressé une épître en vers au comte Charmant. Reims, 1761, in-4°.

2. — Le chevalier de Béla mérite une biographie plus détaillée que celle que Walckenaer lui a consacrée dans la Biographie Michaud. Il est auteur d'une *Histoire des Basques,* dont il existe, à ma connaissance, deux copies ou plutôt deux rédactions. L'une d'elles, en un volume grand in-folio de 450 pages et portant de nombreuses corrections autographes est en ma possession. C'est, je crois, une première rédaction. L'autre, en trois volumes in-folio, appartient à M. Antoine d'Abbadie, membre de l'Académie des Sciences (V. l'art. de Walckenaer). J'ai aussi, soit en volumes soit en cahiers, de nombreux traités du chevalier sur l'histoire et les affaires de Soule et de Béarn.

2.

quelque lenteur de réaliser le vœu de ce bienfaiteur. Survint la Révolution qui engloutit le projet et les rentes [1].

Jacques et le chevalier sont les deux membres de la famille qui ont laissé les manuscrits les plus importants, mais tous les Béla, pour ainsi dire, depuis Gérard, ont eu la manie d'écrire, même ceux qui suivaient le métier des armes.

Isaac de Béla-Chéraute, André, baron de Chéraute, son fils, Philippe, fils d'André, les Bélapoey, les Bélapeyre, les Bélapéritz tenaient des livres de famille, rédigeaient des mémoires historiques, notaient les événements, transcrivaient les titres concernant les fastes ou les franchises de leur petite patrie. Le château de Chéraute renfermait les véritables archives de Soule. C'est dans ces archives, dont j'ai recueilli les épaves (encore importantes heureusement) [2], que le chevalier de Béla avait puisé la plupart des documents qui ont servi à sa grande Histoire des Basques et ce qui reste de ces collections permet d'apprécier son exactitude et sa sincérité [3].

1. — V. Menjoulet, *Chronique d'Oloron*, t. II, p. 426. — L'auteur de *La Société Béarnaise au* xviii* *siècle* dit que Jean de Béla-Lassalle était un frère bâtard du chevalier. C'est une des nombreuses inexactitudes (pour employer un mot adouci) mises en circulation par ce petit émule de Tallemant des Réaux. Il y a eu plusieurs bâtards des Béla, qui, en dehors de leur tache originelle, n'ont pas déshonoré le nom, mais Jean de Béla-Lassalle était fils légitime de Jacques II de Béla, écuyer, seigneur du domec d'Undurein et de la maison noble de Sainte-Engrâce-de-Juxue et de Catherine d'Etchats, sa seconde femme. (Papiers de Béla.)

2. — Parmi ces papiers se trouvait une longue série de registres de notaires des xv* et xvi* siècles dont j'ai fait don aux Arch. des B*****.-Pyr.

3. — La maison de Béla est éteinte dans la ligne masculine pour toutes les branches. — La branche aînée s'est fondue dans la maison de Casamajor-Rey, branche cadette des Casamajor d'Ance et d'Aramits, par le mariage, en 1726, de Marguerite de Béla-Chéraute, baronne de Chéraute, avec Maximilien de Casamajor. Le fils de Maximilien, Jean-Baptiste de Casamajor, baron de Chéraute, conseiller au Parlement de Navarre n'eut que deux filles de son mariage avec Dorothée de Lafutsun de la Carre. L'aînée de ces filles, Sophie, baronne de Chéraute, épousa, le 20 février 1803, Jean Claude de Rouilhan, baron de Montaut, père du baron de Rouilhan, mon beau-père. — La branche de Béla-Othegain s'est éteinte dans la maison de Charritte, en 1766, par le mariage de Anne de Béla, héritière d'Othegain avec le chevalier Guillaume de Charritte, cadet des Casamajor de Charritte. De cette maison est descendu le marquis de Casamajor de Charritte, ancien conseiller à la Cour de Pau. — La postérité de Salomon de Bélaspect a fini, en 1830, à Lasseube, dans la personne de demoiselle Isabelline de Bélaspect.

Le chevalier a aussi pris beaucoup dans les *Tablettes* pour la période où vivait Jacques de Béla. Il a lu cette énorme compilation, l'a annotée en beaucoup d'endroits et a inscrit au commencement du premier volume cette observation que je me plais à reproduire :

« Moy Jeanne-Philippe, chevalier de Béla, lieutenant colonel de dragons au service du Roy Louis XV, glorieusement régnant, gentilhomme de la chambre du Roy de Pologne, duc de Lorraine et de Bar, chevalier des Ordres militaires de Saint-Louis et de la Générosité de Prusse, inspecteur général des châteaux et jardins royaux de Sa Majesté Polonaise, après avoir fait toute la dernière guerre du Nord et voyagé dans les pays étrangers plus de quatre mille lieues, et étant venu à Mauléon voir ma famille (que j'avois quittée très jeune), je me suis récréé par la lecture de ce manuscrit de mon bisayeul, dont la diversité des matières qu'il a traitées et l'art avec lequel il les a arrangées ont beaucoup contribué à dissiper les peines et les travaux infinis que j'ai soufferts dans mon métier. Je conseille à mes neveux, si Dieu m'en donne, d'étudier ce livre qui peut leur servir de bibliothèque, en ne perdant cependant jamais de vue que, dans bien des endroits, cet ouvrage est suggéré par le démon du Calvinisme, dont l'auteur étoit malheureusement infecté et qu'il a plu à la divine Providence de ne pas faire passer jusqu'à nous. A Mauléon, ce mois de juillet 1741, qui est la 31ᵉ année de mon âge. »

LE CHEVALIER DE BÉLA.

II

Parlons maintenant de l'écrivain, du philosophe, de l'érudit, de l'homme moral tel qu'il se peint dans ses ouvrages. Ceux qu'il nous a laissés formeraient bien à l'impression une douzaine de gros volumes en caractères compacts. Et ce n'est pas là tout son bagage. Une bonne part de ses travaux, la meilleure peut-être sinon la plus considérable, n'est pas venue jusqu'à notre temps. Loin de nous la pensée de présenter ce laborieux compilateur comme un génie inconnu, ni même comme un talent digne d'une place au Temple de Mémoire! En communiquant au lecteur quelques fragments de ses élucubrations nous ne comptons lui procurer qu'une mince jouissance littéraire, mais espérons qu'il trouvera tout au moins une satisfaction de curiosité dans l'étude de cette figure de savant de province à l'aurore du grand siècle.

Jacques de Béla fut simplement un homme de grande lecture, d'une prodigieuse mémoire et dont le goût d'écrire fut servi par une énorme puissance de travail. Ce type n'est pas très rare à la fin du xvie siècle et au commencement du xviie, mais le personnage est plus intéressant lorsqu'il se rencontre dans une bourgade reculée et que son œuvre immense accomplie dans la solitude est restée ensevelie dans l'oubli.

L'homme n'avait pas besoin de nous apprendre qu'il fut toute sa vie passionné pour l'étude. Les preuves sont là. Mais il a tenu à dire qu'il y consacra, jusqu'à son extrême vieillesse, ses moindres loisirs. Dès son adolescence, on le raillait de ce penchant poussé jusqu'à la manie. Ce souvenir lui est resté. « Marc-Antonin le philosophe, empereur, fut repris dès sa jeunesse de se trop attacher à l'étude. Ce qui sans comparaison ni vanité me fait souvenir de ce qu'aussi en ma jeunesse mon père me disoit comme par opprobre, en des occasions auxquelles je ne correspondois pas assez à ces désirs : « Va, va, à l'étude, voila tout ce que tu sais faire [1]. » Ce goût ne fit que se développer, il nous le déclare en latin et en français :

Virgo flores, fur aurum, mare navita, Bela
Libros, sic ultro singula quisque capit.

Le plaisir du berger est à la bergerie,
Du soldat au butin, de l'amant à l'amour,
Et celuy de Béla d'apprendre chaque jour [2].

Il suffit de lire au hasard une page de ses *Tablettes* pour être effrayé de la science qu'il avait amassée. Ses innombrables citations, ses comparaisons, ses exemples empruntés aux philosophes, aux historiens ᐧsacrés et profanes, aux savants, aux littérateurs

1. — *Tablettes*, au mot ÉTUDE.
2. — *Tablettes*, appendice.

de tous les âges et de tous les pays témoignent d'une étendue de connaissances qui étonne plus qu'elle ne charme. Plus sa science est copieuse en effet et plus elle nous paraît surannée et maussade. Elle n'était déjà plus à la mode de son temps. Il avait fait son éducation philosophique et littéraire · sous le règne de Henri IV, à l'époque où la France se relevait à peine des ruines de la Ligue, essayait de se reconstituer. Les notions qu'il reçut dans sa jeunesse, il les développa grandement par un labeur opiniâtre, mais il édifia sur d'anciens fondements. Il vivait au fond d'une province frontière, où les idées nouvelles n'arrivaient pas facilement, où le mouvement des esprits s'absorbait tardivement dans les dissidences religieuses et la défense de l'autonomie locale. Il écrivit de bonne heure dans sa jeunesse et son âge viril, de 1606 à 1640. Pendant ce temps, le monde marchait et on ne voit pas dans ses ouvrages qu'il s'en soit aperçu. Il touchait à la vieillesse lorsque la philosophie, les sciences, les lettres prenaient un magnifique essor : ce grand élan l'a laissé immobile et indifférent. Pour les idées, les méthodes, les préjugés, c'est un homme du xvie siècle, non de la première moitié, animée du grand souffle de la Renaissance, mais de la fin, de cette triste période d'alanguissement moral et intellectuel causé par quarante ans de guerres civiles et de corruption. Il faut se reporter à cette époque pour le placer sous son vrai jour. Un de ses contemporains, son compatriote, son parent, qui, certainement, ne possédait pas un si énorme bagage de science et ne dépensa pas tant d'efforts, lui fut bien supérieur. Arnaud d'Oihénart s'est fait connaître dans le monde de l'érudition par les qualités qui manquaient absolument à son cousin Béla, le sens critique, la sobriété du style, l'imitation des bons modèles. Il était mieux doué sans doute, mais il eut la sagesse de mesurer son vol à ses facultés, de borner son domaine à l'histoire régionale, sans forcer son talent et poursuivre la réputation d'un grand polygraphe. Il faut dire aussi qu'il était né quelques années plus tard, ce qui dut avoir une heureuse influence sur son éducation littéraire [1].

1. — **Deux autres Mauléonais** ont laissé d'honorables souvenirs dans la République des lettres. Jean de Sponde, 1557-1595, lieutenant-général de la Rochelle, maître des requêtes ; Henri de Sponde, 1568-1643, évê-

Il nous reste de Jacques de Béla trois ouvrages importants. Il en avait composé cinq ou six autres qui paraissent perdus.

1° Les *Tablettes,* véritable encyclopédie des connaissances de son temps (sous le bénéfice des observations qui précèdent), ample exposé des notions qu'il a recueillies sur toutes matières : religion, philosophie, morale, sciences, littérature, etc., etc.

L'œuvre forme six gros volumes in-quarto, chacun d'environ 1100 pages, d'une écriture fine et serrée, surchargées de notes et de références en marge. Les matières y sont rangées par ordre alphabétique. Un de ces volumes a disparu [1]. Nous possédons les cinq autres. Ils permettent d'étudier à la fois le caractère et le mérite de l'auteur [2].

2° *Inventarium juris.* C'est un commentaire en latin du Code de Justinien et des Constitutions novelles authentiques. Le commentateur dit modestement dans la préface qu'il ne compte pas s'acquérir l'immortalité par ce petit ouvrage et qu'il l'a composé surtout pour son usage personnel, afin de se perfectionner dans la science du droit civil et canonique.

Ce petit ouvrage est un in-quarto de 1090 pages dont les marges sont aussi remplies que le corps du texte. Chaque matière est traitée dans la forme exégétique. Les principes

que de Pamiers, frère du précédent, furent des écrivains très estimés en leur temps. Les frères Sponde et Gérard de Béla étaient cousins germains et Jacques de Béla aurait pu puiser chez ses proches parents une meilleure méthode de travail que celle dont il a usé.

1. — Le troisième volume qui contient les mots entre EXEMPLES et JUSTICE.

2. — Le vénérable et regretté chanoine Menjoulet, l'érudit historiographe du diocèse d'Oloron, possédait ces volumes qu'il tenait du marquis d'Uhart, parent des Béla. Il a voulu, avant de mourir, les faire rentrer dans la famille de Jacques de Béla et c'est à sa libéralité que je les dois. Le marquis d'Uhart a donné une notice très sommaire sur Jacques de Béla et ses œuvres dans l'*Album Pyrénéen,* 1840, 1re année, pp. 345-354. Il n'avait pas eu la patience de lire en entier les *Tablettes* et n'en a extrait, pour les reproduire, que quelques passages insignifiants. Il déclare que cet ouvrage était composé de sept volumes in-4°. Il y aurait donc eu un supplément, car notre sixième volume se termine au mot ZVINGLE, suivi de la formule finale : *Laus Deo,* et de la signature. — MM. Léonce Couture, l'abbé Menjoulet et B. de Lagrèze ont écrit quelques lignes sur Jacques de Béla dans la *Revue de Gascogne,* t. XII, p. 48, 92.

exposés sommairement, l'auteur en fait l'application à la jurisprudence locale et cite en marge les décisions des tribunaux de
Soule et les arrêts du Parlement de Bordeaux qui ont été rendus
dans les affaires du pays, Il avait terminé cet ouvrage à vingt-
neuf ans, comme il résulte de ses dernières lignes : *Imposui
finem huic operi die 28 junii, anno 1615.* BÉLA. *Laus Deo in
æternum* [1].

3° *Commentaire sur la coutume de Soule.* Ce traité n'est pas
moins considérable que le précédent. Il est très connu. Jusqu'en
1789, le Commentaire de Béla servait de règle devant les tribunaux de Soule, dans toutes les questions douteuses [2]. Il en
existe plusieurs copies. L'original est conservé dans la bibliothèque de feu M. de Lagrèze, à qui l'on doit de savants travaux
sur l'histoire des régions pyrénéennes.

Le marquis d'Uhart, après avoir parlé du Commentaire sur la
coutume de Soule, s'exprime ainsi : « La qualité de juriste
appartient à Béla par son commentaire... qui fait autorité parmi
nos magistrats ; elle lui appartient aussi par un autre travail que
le hasard m'a livré, c'est son *Inventarium juris Romani et
canonici,* laborieuse compilation que recommandent également
la science du droit dont elle est saturée et l'ordre de l'exposi-
tion. » — Est-ce là un ouvrage distinct ou une copie de l'*Inventarium juris* ci-dessus mentionné ? Nous l'ignorons. D'abord,
ce n'est pas notre original lui-même puisque celui-ci provient
directement de la bibliothèque du chevalier de Béla, reléguée
dans un galetas depuis le commencement du siècle. Nous en
avons donné le titre exact, moins concret que celui du manuscrit
d'Uhart. Mais notre *Inventarium juris* traite bien du droit
romain et du droit canonique. Nous inclinons à croire qu'il
s'agit d'un même ouvrage.

4° *Dictionnaire basque.* Cet ouvrage, qui paraît perdu, est
mentionné au mot NOMS des *Tablettes.* L'article dans lequel Béla
donne l'étymologie d'une foule de noms de lieux du pays basque,
était tiré du Dictionnaire ainsi qu'il nous l'apprend : «... Et ainsy
de telles et d'autres choses des Basques, dont on pourra
apprendre les étymologies de mon Dictionnaire basque. »

1. — Ce manuscrit original est aussi en ma possession.
2. — Notice du marquis d'Uhart.

5° *Compendium de grammaire basque.* Autre ouvrage perdu. Mais peut-être faisait-il corps avec le précédent. Au mot APPRENDRE, des *Tablettes*, Béla renvoie à la préface de ce traité en ces termes : «... en mes Commentaires sur la Coutume de Soule, f° 445, et en ma préface du Compendium de grammaire et dictionnaire basque, f° 2 ». On ne peut trop regretter la perte d'une grammaire et d'un dictionnaire de la langue basque élaborés au commencement du xvii° siècle. Les habitudes de Béla ne permettent pas de douter que ce travail ne fut très soigné, très complet, à défaut d'autres qualités. Ce serait la plus précieuse de ses productions et qui probablement ferait plus pour sa réputation que toutes les autres.

6° *Traité du compte ecclésiastique.* Ce traité est cité dans les *Tablettes* au mot ANNÉES. L'auteur renvoie plusieurs fois au chapitre : *De l'an,* du dit traité, en transcrivant le commencement de divers passages. Cette matière du comput ecclésiastique ou de la supputation du temps pour l'établissement du calendrier et des fêtes mobiles a été suffisamment éclaircie et l'on peut se passer des lumières de Béla sur ce sujet, même s'il y traitait à fond, comme il semble l'indiquer dans ses *Tablettes,* l'intéressante question de savoir à quelle saison de l'année l'homme a été introduit sur la terre.

7° *Style pour un jeune avocat.* Ce formulaire juridique est mentionné au mot ÉCOLIERS, des *Tablettes.* « On voit, dit l'auteur, des clergeons de greffe faire honte à des escholiers licenciés ou docteurs en droit à faire une requeste comminatoire, à rendre pièces, etc., etc. C'est pour remédier à cet inconvénient que j'ai fait un traité à part de mes autres travaux, titré : Style pour un jeune avocat. Il est en mon étude. »

8° *Traité de la mémoire locale.* L'auteur en parle plusieurs fois. Il dit au mot MEMNOLOGIE : « *Memnologia est habitus retinendi quæ semel intellectus percepit.* » C'est ce qu'on appelle la mémoire locale de laquelle (que j'appris du sieur Macole escossois) j'ai fait un traité à part. Aucuns l'appellent l'art de mémoire et d'autres la mémoire artificielle.

Ces trois derniers traités sont également perdus.

Les *Tablettes* sont sous tous les rapports l'œuvre la plus im-

portante et la plus intéressante de Jacques de Béla. Il se montre
là tout entier et par toutes ses faces, étalant à loisir ses opinions,
ses sentiments, ses croyances, s'épanchant avec complaisance
sur son naturel, sa complexion, son caractère, ses défauts même
et les moindres incidents de sa vie. C'est le résumé, hélas, toujours trop long et souvent diffus, des notions qu'il a laborieuse-
ment acquises dans toutes les branches des connaissances
humaines : *de omni re scibili*, et par intervalles une causerie
personnelle et intime, sorte de confession d'autant plus sincère
qu'elle n'est pas préparée et s'échappe par bribes au hasard des
sujets et au cours de la plume.

Ce monumental ouvrage était destiné à l'impression : l'auteur
en parle dans son « Advertissement au lecteur » comme s'il était
déjà sorti des presses. Il justifie comme suit le titre qu'il a adopté
pour son livre. « Je le titre *Tablettes* pour ce qu'au temps de
mon labeur j'écrivais dans mes tablettes ordinaires aucunes des
leçons qui le composent... et j'ai laissé le dit mot de Tablettes
et intitulé ce mien travail *Tablettes de Béla,* nonobstant qu'il
outrepasse bien la tenue des tablettes ordinaires, me suffisant
que telle intitulation ne dissonne point au sujet, mais y convienne,
en ce qu'il est composé d'annotations, d'enseignements utiles
de règles de bien vivre, de conseils salutaires, redressemens,
advertissemens, exemples et autres adresses servant à se com-
porter en ce monde pour y tâcher de vivre heureux et en en
sortant entrer en la béatitude céleste. » Il expose son plan et
l'utilité de son travail : « Sans vanité, ces Tablettes seront une
bibliothèque à ceux qui voudront s'instruire et le pourront plus
facilement qu'en parcourant des centaines d'auteurs. » Il attri-
buera, toujours, du reste, à chaque auteur ce qu'il lui emprunte
« voulant rendre ingénuement à ceux qui vivent ou à la mémoire
des morts l'honneur qui leur appartient ». — « Ne me condamnez
pas sans cause, ajoute-t-il..., puis surtout que vous pouvez laisser
ce qui vous semble inutile ou hors de vostre goust, plusieurs
ayant cela qu'ils prennent plustost ce qui leur plait que ce qui
leur est le meilleur [1]. »

La plupart des sujets qu'il traite l'amènent à dire quelques

1. — *Tablettes,* Advertissement au lecteur.

mots de lui-même au physique ou au moral et le moi n'est pas
ce qu'il y a de plus haïssable dans ses longues dissertations. A
la façon de Montaigne, sans comparaison, « il se prend pour
argument et pour sujet », mais en passant, par occasion et non
en vertu d'un dessein prémédité. Il parle de lui-même sobrement,
avec modestie et toujours en intention de faire ressortir un
enseignement.

Nous apprenons ainsi qu'il était très sensible, pleurait très
facilement même dans la force de l'âge. Il ne pouvait supporter,
sans incommodité, le spectacle de la souffrance et de la mort.
Il vante pourtant sa force physique et reconnaît qu'il était enclin
à la colère. Un jour, il coupa en deux, d'un coup d'épée, « de
l'eschine jusqu'à la peau du ventre », un pourceau qui ravageait
son jardin fleuriste. Une autre fois, sur un défi, il trancha d'un
seul coup de sa rapière « sept jeunes pruniers qui estoient
proches l'un de l'autre, gros chacun comme le manche d'une
hallebarde [1] ». Il paraît que son esprit était « tardif », ayant
besoin d'une grande application pour comprendre. En revanche,
il avait l'ouïe très fine, qualité propre selon lui aux esprits
endormis. De sa vigne de Bélaspect, sise au-dessus de Mauléon,
il entendait le canon de Navarrenx. Son odorat était si susceptible
que certains parfums le contraignaient à s'éloigner sur le champ
sous peine de tomber en syncope. Naturellement, il rappelle à
ce propos les anciens et les modernes qui ont été affectés de
telle faiblesse [2]. D'après Tacite, les Germains, nos ancêtres,
étaient très sujets à prendre les maladies endémiques ou conta-
gieuses. Notre auteur constate ce tempérament en sa personne
et nous raconte que « pour s'estre frotté les mains à une longière
[essuie-mains] à laquelle un galeux s'estoit essuyé » il prit
soudain la gale. Il aimait la chasse, les voyages, la musique.
La poursuite des perdrix dans la montagne lui avait valu de
douloureux rhumatismes. Il avait parcouru la France et une
partie de l'Espagne. On trouve trace, dans ses *Tablettes*, de ses
déplacements, fréquents surtout dans sa jeunesse. La musique
était une de ses passions. Elle l'a charmé, consolé. « *Musica est*

1. — *Tablettes*, au mot ÉPÉE.
2. — *Tablettes*, au mot ODEUR.

medicina tristitiæ. » Il va même plus loin dans son enthou-
siasme : « *Tam turpe est musicam nesciri quam litteras.* »

Dans cette immense écriture, il a touché à tout. Les idées des
autres y tiennent plus de place que les siennes propres, mais il
conclut ordinairement par son opinion personnelle qui prend
parfois la forme d'un aphorisme, d'une maxime résumant heureusement d'interminables amplifications.

En religion sa foi est vive, il est très attaché aux pratiques de
son culte, assidu au temple qu'il a fait bâtir de ses deniers. Ses
Tablettes contiennent diverses prières qu'il a composées pour
son usage et qu'il récite chaque jour. Il connaît la Bible et
l'Évangile, les commentaires, les controverses aussi bien que le
plus savant théologien, mais il ne s'élève pas au-dessus de la
scholastique et de l'exégèse. Il laisse de côté les grandes questions et comme la plupart des controversistes de son temps,
dans l'un et l'autre parti, se noie dans de subtiles disputes.
Des mille contradictions de détail, qui venaient se greffer sur
l'opposition radicale des deux doctrines, aucune n'est mise en
oubli. Il parle de la liberté de conscience comme d'un droit
naturel longtemps méconnu, mais dont la conquête est désormais
assurée. Ce principe sacré, il en veut l'application sincère, égale
pour toutes les religions. Ce n'était point alors une idée courante
et Calvin lui-même ne l'avait pas professée. Sous ce rapport, le
seul peut-être, Jacques de Béla, devance l'opinion de son temps.
Chose assez étrange, ce huguenot renforcé défend longuement
et avec l'énergie d'un parlementaire du xvi° siècle les libertés
de l'église catholique gallicane. Deux sentiments le dominent et
l'aveuglent du reste : la haine contre le pape et le mépris de la
cour de Rome « cette Babylon moderne ». Contre les papes, il
a ramassé les plus sottes histoires et il donne comme indiscu-
table vérité la grossière fable de la papesse Jeanne. Une des
lumières du protestantisme, Frédéric Spanheim, devait plus tard
reprendre et développer cette absurde thèse. La passion fausse
à ce point les plus solides jugements. Le ressentiment des
rigueurs exercées contre les adversaires du catholicisme s'élève
jusqu'au paroxysme dans les *Tablettes.* L'auteur a enduré toutes
les souffrances des hérétiques depuis les Albigeois et bien au-
delà, son cœur en saigne par cent endroits. Sous le mot MASSACRES,

il défile tout ce martyrologe. L'article est d'une longueur démesurée. Le mot Religion formerait de son côté plus d'un volume d'impression.

Néanmoins il proscrit la vengeance et les représailles. De même qu'il répugne à la lutte matérielle pour le triomphe de sa conviction, il puise l'esprit de tolérance, alors si peu répandu, inconnu pourrait-on dire, aux sources les plus pures. « J'ayme la religion [réformée] comme la chose la plus chérissable de toutes et crois que si je la quittois il n'y auroit plus de grâce en Dieu pour moy. Mais quant à ceux qui n'estans esclairés du mesme flambeau ne la professent, j'ay, Dieu mercy, l'esprit de charité qui m'empesche de croire ou dire qu'ils sont damnés, puis mesme qu'il n'est pas loisible de juger ceux qui sont du dehors [1]. »

Il soutient ailleurs que la bonne police et la prospérité de l'État sont parfaitement compatibles avec la pluralité des religions chez les regnicoles. « Il n'y a eu que des princes imbéciles d'aage ou de sens qui ayent trouvé impossible de maintenir deux religions diverses en un Estat... Le prince doit estre le père commun de la Patrie, ne se parcialisant non plus pour une secte que pour l'autre (sinon en l'esgard de la comunion spirituelle) punissant les sédicieux de quelque parti qu'ils soyent, sans aucune excepcion ni accepcion. » Et il cite les États anciens ou plusieurs religions florissaient ensemble sans y engendrer des luttes et des troubles : « Les grands empires Assyrien, Perse, Grec et Romain qui contenoient presque autant de religions et de dieux que de villes... Depuis le règne de Valens jusqu'à celuy de Justinian premier, il y eut toujours deux églises et deux évesques en la ville impériale de Constantinople, l'un orthodoxe et l'autre arrien, sans qu'en cest intervalle de cent-cinquante ans il survint entre eux aucune sédicion importante. » Et parmi les modernes la Suisse et autres républiques et communautés... [2].

En philosophie, il s'en est tenu principalement aux Grecs et aux Romains qu'il possédait à fond. Pour ses contemporains il paraît s'être arrêté à Charron, l'auteur de la *Sagesse*. Le génie

1. — *Tablettes,* Avertissement au lecteur.
2. — *Tablettes* au mot Estat.

de Montaigne n'était sans doute pas de son goût, car il le nomme
à peine. Descartes, Gassendi, nés après lui, morts avant lui, ne
l'ont pas touché. Il n'a pas connu Pascal : si Pascal l'avait connu
il aurait pu, sans franchir les Pyrénées, opposer la vérité à
l'erreur... Jacques de Béla n'est pas, à proprement parler, un
pessimiste, car il porte en lui l'idéal chrétien qui entretient l'espérance et garantit les compensations futures, mais sa philosophie est empreinte de tristesse. La vie ne lui semble pas un bien
très précieux : les choses y vont presque toujours au pire. On
sent qu'il juge le Monde à travers ses vicissitudes personnelles,
les injustices subies par lui et les siens, les soucis de famille, la
lutte pour l'existence qui était dure à son époque. Cette métaphysique subjective ne lui est pas particulière. Les Pangloss sont
rares. Ce ne fut pas un homme heureux et il le laisse voir, au
point qu'un de ses rares lecteurs le qualifie d'écrivain d'humeur
bizarre et de caractère atrabilaire[1]. Sa morale est honnête mais
terre à terre. On pourrait lui appliquer un mot nouvellement
créé pour une pratique fort ancienne ; elle *opportuniste,*
faisant parfois trop facilement fléchir les principes devant les
circonstances ; la probité et la pureté des mœurs, mises à part,
bien entendu, car en cela il avait les idées sévères des protestants convaincus. Il aimait sa patrie et il l'a prouvé : et pourtant
il dissèque ce sentiment, il en signale « la contingence et l'étroi-
tesse », il confesse qu'à un moment il fut tenté de s'exiler pour
toujours de son pays. Ses raisonnements tendent à excuser à
ses propres yeux cette velléité qui n'eut pas de durée. Au fond
son *Ubi bene ibi patria* (il ne faut, dit-il, aimer les choses à
cause du lieu, mais il faut aimer le lieu à cause des choses), ses
prétentions d'humanitarisme ne sont qu'un passager mouvement
d'amertume contre une « ingrate patrie ». Il est encore engagé
sur quelques points dans les chaînes du moyen âge. Son esprit
est travaillé par le mystérieux, le surnaturel. Il combat avec
l'arme de l'ironie, certains préjugés de son temps, il est aveuglé
par d'autres non moins grossiers. Le feu Saint-Elme (autrement
dit les Ardents) l'a attaqué sur terre et sur mer, une fois entre
Charritte et Mauléon, une autre fois en face de Royan. Il en a eu

1. — L'abbé Menjoulet, *Chronique d'Oloron,* t. II, p. 295.

raison, en mer, l'épée à la main, et s'il ne l'eut mis en fuite, le bateau égaré de sa route aurait sombré. Il a vu la « mouche belle » effrayer des troupeaux et les entraîner dans des fon-....res. Sa physique et son histoire naturelle (il n'était pas étranger à ces sciences) n'allaient pas jusqu'à l'explication des feux follets et des paniques. Sur les questions des maléfices, des sorciers, des revenants, nous avons un traité en règle de sa façon au mot SORCELLERIE. Il suit Bodin, Delancre et, hélas, la justice criminelle de son époque. Qui ne croyait pas, alors, aux sorciers ! Les prisons de Béarn et de Soule regorgeaient de ces malheureux et un seul bourreau ne pouvait suffire à les marquer du fer rouge. En revanche, la torture, la cruauté des supplices, le duel trouvent un censeur sévère dans l'auteur des *Tablettes*. L'alchimie ne lui inspire pas grande confiance. *Nusquam vidi alchimistam divitem*. Cet esprit faible dans des parties pense quelquefois fortement et nous a laissé nombre de maximes profondes et bien frappées. Tantôt il donne un tour heureux aux idées qu'il emprunte à autrui, tantôt il puise dans son propre fonds. Mais, malgré l'abondance excessive des renvois aux textes qui suggèrent ses réflexions et dont la vérification demanderait une longue patience, on ne distingue pas toujours si telle pensée lui appartient ou provient d'une inspiration étrangère. Montaigne dit quelque part qu'en critiquant tel passage de ses *Essais*, on s'expose à donner des « nazardes » à quelque illustre écrivain de l'antiquité ; pour Béla, c'est le contraire qui peut se produire et l'éloge qui s'adresse à certaines de ses maximes devrait peut-être aller plus haut. Quoiqu'il en soit, voici quelques-unes de ces pensées qu'il semble donner comme siennes :

Qui voit peu, croit peu.

Dieu nous garde des zélés.

L'âge de vingt ans est une beste farouche.

Il n'y a rien qui sèche plus tost qu'une larme.

Il y a comme es escrevissas des choses où il y a plus à esplucher qu'à manger.

Il est bon que la bourse soit ouverte et non qu'elle soit percée.

Le burin est un des outils de l'immortalité.

Le temps couvre et descouvre toutes choses.

Il n'est guère de petit cadet qui n'ait le courage d'être monarque.

Pour voir clair dans les affaires il faut les prendre à la main et non point au cœur.

Si ma condition ne se peut accommoder à mon courage, j'accommoderai mon courage à ma condition.

Cette dernière semble pourtant en contradiction avec sa devise inscrite sur ses divers ouvrages, en basque, en espagnol et en français :

Ez nahi ahal dudana
Ez ahal nahi dudana.

Nada puedo de lo que quiere
Y nada quiero de lo que puede.

Je ne veux pas ce que je peux
Je ne peux pas ce que je veux.

Il nous donne aussi beaucoup de maximes en latin. Je n'en veux citer qu'une seule qui est à son éloge et devrait être inscrite dans tous les cabinets d'avocat.

Summum jus hoc est non opus esse foro.

L'histoire sacrée et profane, ancienne et moderne, lui est familière et il fait les plus fréquentes incursions sur ce domaine. Il a lu tous les historiens de l'antiquité et tous les chroniqueurs nationaux, de Villehardouin à de Thou et à Villeroy. Il fourmille d'exemples, d'anecdotes empruntées à ses lectures mais ne présente guère de narrations suivies. Ses récits viennent à l'appui d'un raisonnement et lui servent de preuve. Trop souvent, il va chercher ses démonstrations trop loin, chez les Hébreux, les Egyptiens, les Grecs. Quand il les prend dans l'histoire de l'Europe ou mieux encore dans l'histoire de France qu'il connaît tout aussi bien, il nous intéresse davantage quoiqu'il n'apporte rien de neuf et qu'on ne puisse trouver ailleurs. Nous préférerions que sa prolixité s'appliquât aux événements dont il a été témoin, aux choses de son temps et de son milieu. Nous lui ferions grâce de ses vues sur la bataille d'Arbelles s'il nous donnait plus de détails sur les troubles religieux de la Soule et du Béarn auxquels il fut mêlé. Sa modeste récolte dans ce champ de l'histoire locale conserve quelque prix, et nous offre la primeur d'une foule de petits faits négligés par les autres annalistes.

Il traite aussi de la politique et de l'économie sociale. Aristote est son maître chez les anciens, Machiavel et Bodin chez les modernes. Dans sa conception, la politique n'est qu'une science de ruse et d'habileté, l'art de conquérir ou de conserver la puissance, de triompher de ses ennemis, de ses rivaux du dehors et du dedans par tous les moyens, hormis les crimes de droit commun et contre les particuliers. Il n'approuve pas cette doctrine ou pour mieux dire cette pratique, il la déclare immorale mais constate que c'est là l'essence de la politique et qu'elle n'en eut et n'en aura jamais d'autres. L'opinion, pour être vieille, n'est pas tellement surannée ! L'économie politique a aussi sa place dans les *Tablettes*. Le mot venait à peine d'être créé par le poète économiste Montchrétien, mais cette « mesnagerie des nécessités et charges publiques » n'était pas ignorée d'Henri IV et de Sully. Jacques de Béla émet ses idées sur le commerce et les manufactures, les finances, l'agriculture, l'instruction publique, l'assistance publique et même les ateliers nationaux et dans ces matières ses aperçus ne manquent pas de justesse.

Ses connaissances en littérature sont quasi universelles. Il lit et écrit dans plusieurs langues, parle le latin comme le français, mieux que le français, car les modèles qu'il imite sont parfaits tandis que dans l'idiome national il n'a pas choisi les meilleurs parangons. Des articles étendus des *Tablettes* sont rédigés en latin cicéronien plus élégant, plus limpide que son français qui sent le travail et l'école, et qu'il n'a pas appris de sa nourrice. Le grec lui est familier quoiqu'il ne donne que de courts fragments dans cette langue. Mais sa mémoire est meublée de tous les chefs-d'œuvre de cette littérature. Il les admire, les cite, les traduit en vers et en prose. Des morceaux importants de Sophocle, d'Euripide, d'Eschyle sont tournés en vers de sa façon. De même pour les latins, Virgile, Horace, Martial, etc. Sa versification n'a d'ailleurs aucun charme, c'est de la poésie de savant comme en faisaient tous les lettrés du xvie siècle, travail

d'ajustement, de mosaïque, auquel l'inspiration, *mens divinior,*
est étrangère. Il possède des notions d'hébreu et il lui arrive de
tracer quelques mots en caractères hébraïques. Il a étudié les
œuvres du psalmiste, peut-être sur la version originale, et après
Bèze et Marot il s'avise de traduire en vers, « au sens anagogi-
que » c'est-à-dire spirituel et mystique, les principaux psaumes.
Son interprétation ne supporte pas la comparaison avec celle
de ses devanciers.

Pour les langues modernes, il écrit couramment l'espagnol
dont il connaît les auteurs. De même pour l'italien mais d'une
manière plus superficielle. Malheureusement, dans les littéra-
tures vivantes, il n'a pas su choisir ses lectures avec discerne-
ment. Il cite à peine les génies restés immortels et ses préfé-
rences sont pour une foule d'écrivains de second ordre justement
oubliés.

Le basque, le gascon, le béarnais sont les langues de son
berceau. Il ne les dédaigne pas, loin de là. Leurs rares productions imprimées sont ses livres de chevet, il les sait par cœur,
pour ainsi dire, les cite, les transcrit de mémoire à chaque
instant.

Les noms de ses poètes favoris permettent de juger de son
goût : la liste des prosateurs serait trop longue. « Des françois,
dit-il, Bèze, Marot, le renommé Ronsard, Desportes le Mignard,
le divin Du Bartas, Théophile, Pibrac, l'auteur de l'Amour du
Cid. » Pour lui Malherbe n'est pas venu et Corneille apparaît à
peine à l'horizon. Racine, Molière, La Fontaine n'étaient pas
arrivés jusqu'en Soule au moment où il écrivait. « Des béarnois,
le sieur de Salettes, qui a traduit les psaumes en langue béarnoise, Jean Gaston, Lavigne ; des gascons, Ader ; des italiens,
Dante, Pétrarque, Arioste, Tasse ; des basques, Verin [1], Etcheberri ; des espagnols, Ausias March, Jean de Ména, Georges
Mundini, le Boscan, Garcilasso de la Vega, Don Alonzo de
Ercilla. »

Sa bibliothèque était très abondamment garnie, remarquable
pour le temps. La passion seule avait pu réunir tant de livres

---

1. — Michel Verin, auteur de distiques moraux, n'était pas d'origine
basque, quoiqu'en aient dit certains auteurs, et n'a écrit qu'en latin.

dans une si petite ville et si éloignée des centres. Nous n'avons
pas son catalogue complet, mais une longue liste des ouvrages
qu'il consultait le plus souvent. D'autres en grand nombre sont
mentionnés en marge de ses écrits. Il nous donne ainsi les titres
de plus d'un millier d'ouvrages et y met le soin d'un bibliophile,
reproduisant le titre *in extenso*, avec la date de l'impression, le
nom et la demeure de l'éditeur. Nous avons là l'indication de
beaucoup de livres devenus très rares ou même perdus. La
bibliographie protestante et l'histoire de l'imprimerie dans les
provinces trouveraient à glaner dans ces notes [1].

L'auteur des *Tablettes* était grand amateur de proverbes et
dans toutes les langues. « Les proverbes, dit-il, sont des cousins
germains de la vérité. » A l'appui d'un fait ou d'un raisonnement,
il invoque très fréquemment la sagesse des nations : le latin, le
grec, le français, et le surplus de son bagage linguistique sont
mis à contribution. Nous avons relevé particulièrement les
proverbes basques et quelques adages gascons ou béarnais.
Chose assez singulière, tous les proverbes euskariens cités par
Béla (sauf deux ou trois) sont absents du recueil d'Oihénart, de
celui de Voltoire, ainsi que des autres collections publiées par
MM. Francisque Michel et Gustave Brunet. Tout ce qui se rattache
à cette antique langue dont l'origine reste un problème a du
prix pour les philologues, la partie parémiologique notamment,
et le contingent fourni par les *Tablettes* sera sans doute accueilli
avec intérêt. On n'a guère publié jusqu'à présent que sept à
huit cents proverbes basques. Une cinquantaine se trouvera
ajoutée à ces listes [2].

1. — Mentionnons en passant quelques articles concernant la bibliographie béarnaise et basque : *Œuvres poétiques de Jean Gaston* ur la
loy de l'Eternel... Impr. à Orthez par Jacques Rouyer l'an 1634.
(M. Lacaze dans son excellente monographie : *Les imprimeurs en Béarn*,
Pau 1884, ne cite qu'une édition de 1635); *Méditations pour se préparer
à la communion du corps et du sang précieux du seigneur Jésus*, par
le même, et *Méditations sur l'histoire de la femme Cananéenne*, par le
même, Imp. à Orthez, par Jacques Rouyer l'an 1639 ; *Gueroco guero edo
gueroco...* d'Axular, Impr. à Bordeaux, chez Millangos en 1643.
(Édition non citée.)

2. — Un compilateur nommé Voltoire a le premier publié une centaine
de proverbes basques dans un recueil intitulé : *L'Interprect ou traduction de françois, espagnol et basque*, Lyon, Rouyer (vers 1620). Arnaud

En résumé, l'œuvre principale de Jacques de Béla est de celles dont notre siècle ne supporte plus la lecture. Cet amas d'érudition est trop touffu et trop en désordre. Une part ne répond plus à nos besoins et à nos goûts littéraires ; l'autre, à raison du progrès, n'a plus aucune valeur pratique. Ce caractère indigeste n'est pas racheté par le style. Au commencement du xviiᵉ siècle on écrivait déjà une belle langue, abondante, fleurie, mais vigoureuse et éloquente. Ce n'est pas celle de notre auteur. Il est en retard sur ce point comme sur beaucoup d'autres. Il écrit comme parlaient les avocats de la fin du xviᵉ siècle, avec une prolixité insipide surchargée d'une science confuse à force d'être entassée. Sa phrase est lourde, d'un tour archaïque, sans naïveté, embarrassée d'incises, de parenthèses, manque de grâce, parfois de clarté. La première rédaction de ses *Tablettes* était terminée vers 1615. Il n'avait pas 30 ans et une telle étendue de connaissances, à cet âge, est vraiment extraordinaire. Il ajouta toute sa vie à ce manuscrit primitif, multipliant les notes, garnissant les marges, toujours en vue d'un projet d'impression qui ne se réalisa pas. Il gâta son ouvrage au lieu de l'améliorer. Peut-être s'aperçut-il lui-même qu'il en avait ainsi accentué la diffusion et le type arriéré. Si les *Tablettes* avaient été imprimées aux environs de 1615, après avoir subi sous l'inspiration d'un éditeur prudent de sérieuses coupures, il n'est pas dit qu'elles n'eussent pas été favorablement accueillies du public. Ce genre d'élucubration était encore fort à la mode dans les premiers temps de Louis XIII. L'ouvrage de Béla a de nombreux similaires qui jouissaient de la plus grande vogue. Du même ordre sont les *Diverses leçons* de l'espagnol Pedro Mexia (Pierre Messie) imitées

d'Oihénart fit ensuite imprimer à Paris, en 1654, son recueil contenant 537 proverbes, avec traduction française. Plus tard il donna un supplément de 170 proverbes également imprimé à Paris. M. Francisque Michel a réédité, en 1847, le premier recueil d'Oihénart en y ajoutant les proverbes de Voltoire et quelques autres tirés d'un manuscrit du xviᵉ siècle ou communiqués par un basquisant, M. Archu. En 1859, M. G. Brunet a réimprimé le supplément d'Oihénart augmenté de 12 proverbes extraits d'un recueil espagnol. Un savant allemand, M. Mahn, a publié, de son côté, à Berlin, en 1857, les proverbes d'Oihénart avec quelques additions. C'est tout ce qu'on a sur la parémiologie euskarienne.

par Du Verdier de Vauprivas, Guyon de la Nauche et autres ainsi que les *Jours caniculaires* de l'évêque Majole. On ne compte pas les éditions de ces compilations qui ne valent pas sensiblement mieux que celles de Béla. Et si l'on osait faire ce rapprochement, les *Essais* eux-mêmes rentrent dans ce genre, mais Montaigne y avait mis son génie tandis que les autres ne dépassaient pas une honnête médiocrité. Les Messie, les Du Verdier, les Majole avaient, jusqu'au milieu du xvii⁰ siècle, plus de lecteurs que Montaigne [1]. Par un juste retour, toutes ces diverses leçons ne sont plus aujourd'hui connues que de quelques bibliophiles ou de certains chercheurs qui trouvent dans les livres oubliés des approvisionnements d'érudition à bon marché et le moyen de faire du neuf avec du vieux. Les *Tablettes* de Béla seraient d'un inappréciable secours pour un Gabriel Peignot ou un Edouard Fournier.

Dans l'étude d'une individualité on se plaît aujourd'hui à rechercher les divers éléments qui ont dû influer sur ses idées, son caractère, l'ensemble de ses facultés et de ses actes. On tient que l'homme obéit toujours, même insciemment à des forces primordiales, à des dispositions innées, et qu'il est comme entraîné par des causes ambiantes et des circonstances données. Le génie lui-même n'échappe pas à ces lois et subit les conditions de la race, du milieu et du moment. Pour ma part je considère ce système comme entaché des tristes erreurs du déterminisme et je ne vois pas comment il réussirait à expliquer de merveilleuses anomalies, telles qu'un François d'Assise, une Jeanne d'Arc, un Shakespeare, un Napoléon, suivant leurs origines, leur temps, leur sphère d'action, mais je dois reconnaître qu'il se vérifie au bas de l'échelle pour notre personnage. Jacques de Béla est bien marqué, en effet, au coin de l'hérédité de sa race,

---

1. — L'ouvrage de Pedro Mexia *(Silva de varia leccion)* publié à Séville en 1543, fut traduit dans toutes les langues et eut en France des éditions multipliées qui attestent, dit le *Manuel du Libraire*, sa très grande vogue jusqu'au milieu du xvii⁰ siècle. De même pour : *Les diverses Leçons suivant celles de Pierre Messie*, par Du Verdier de Vauprivas, Lyon, 1576 ; *Les diverses Leçons* de Louis Guyon, Dolois, sieur de la Nauche, Lyon, 1610 ; *Les jours caniculaires, excellens discours des choses naturelles et surnaturelles embellies d'histoires et d'exemples,* Ursel, 1610.

du caractère de sa religion, de l'époque et du milieu où il a vécu. Son intelligence, son âme, ses défauts et ses qualités, son *moi* tout entier semblent la résultante de toutes ces forces convergentes. Et c'est ainsi que l'analyse qui s'applique à sa personne prend une portée plus étendue et embrasse la nature et les traditions, les tendances religieuses, le degré de civilisation et d'instruction, les goûts, les mœurs d'un peuple, d'une classe dans une certaine période. Si modeste que soit le théâtre, ce regard n'est pas indigne d'intérêt. Ces considérations justifient le développement et le titre général donnés à cette notice.

Les fragments des *Tablettes* que nous publions n'ont pas été choisis pour faire juger du talent de leur auteur. Nous avons assez dit à cet égard. Nous prenons dans l'œuvre de Béla les articles qui présentent un intérêt historique ou anecdotique pour la Soule ou le Béarn. Quelques autres, parmi les plus courts, sont donnés uniquement comme objets de curiosité.

EXTRAITS

TABLETTES DE BÉLA

———

AAGE. — L'aage de vingt ans est une beste farouche... La jeunesse est contée pour un animal féroce dont les actions sont téméraires et brutales, elle n'estant capable de bon conseil, mesmes quand il luy est donné, ains imitant le singe, prenant plaisir seulement es bagatelles et brouilleries. *Lubricæ sunt ac perplexæ viæ juventutis* [1]. On ne peut esteindre facilement les désirs ardents de la jeunesse, sans qu'elle y apporte de la mutinerie et quelque rébellion. Aucuns jeunes folastres s'estans faicts nuds, sur de tels bouillons desreiglés, à la veue de Livia femme de l'Empereur Auguste [2], luy l'ayant apprins ordonna qu'on les mit à mort, pour punicion de leur insolence; néantmoins Livia les excusa disant que leur faute provenait d'imprudence meslée avec la folie de leur jeunesse... *Unde* le « Je ne vis onc prudence avec jeunesse [3] »...

> Qui regarde de près le vin en sa nature,
> Il voit dès aussy tost l'homme en sa pourtraiture
> Le vin satant cuvé sur son estre nouveau
> Jette escume et fumée, se faisant bon et beau;
> L'homme estant arrivé au printemps de son aage,
> Il doit vomir sa gorme et sa fougue et sa rage,
> Ainsy d'un sage effort accolsant les humeurs
> Un chascun chérira la douceur de ses mœurs.

1. — Vivald, *Opus regale*, f. 64.
2. — Le Loyer, en ses *Spectres*, p. 155.
3. — Pibrac, en ses *Quatrains*, art. 104.

Nostre premier aage est en espérance, celuy du milieu est moitié en expérience du passé, moitié en espérance de l'advenir et le dernier qui est la vieillesse gît tout en l'espreuve du passé. En tous y a de la fascherie.

ABUS. — On conte au monde douze abus, savoir est : le sage sans accion, le vieillard sans religion, l'enfant sans obéissance, le riche sans aumosne, la femme sans pudicité, le seigneur sans bonté, le chrestien querelleur, le pauvre superbe, le roi inique, l'évesque négligeant, la populace sans discipline, le peuple sans loy [1].

ACCOMMODER. — Si ma condicion ne se peut accommoder à mon courage, j'accommoderai mon courage à ma condicion. Ceux qui accommodent leurs actions et coustumes à l'estat où ils se trouvent vont sillonnant une mer douce et tranquille et se conduisent au port sans naufrage. Cher ami, souvenez vous que vous joués icy le personnage d'une comédie, tel qu'il a pleu au maistre des cœrémonies de vous l'ordonner ; s'il le vous ordonne court, faites le court ; si long, long ; s'il vous a constitué pour contrefaire le gueux, faites le gueux avec toute la naifveté qu'il vous sera possible et ainsy des autres personnages. Car c'est votre faict de bien représenter celuy qui vous est donné à représenter, mais de le choisir c'est l'effect d'un autre.

ACCORD. — L'accord est meilleur que la victoire. Assez gagne qui sort de dispute. Estre difficile de se renger à l'accord est une des infraccions du sixième commandement du Décalogue.

ACTION. — Juger mal d'une bonne action c'est faire tort à soy, à l'action et à l'auteur d'icelle.

ADVOCACERIE. — La perfeccion de l'advocacerie requiert la connoissance de toutes les choses du monde, tant à cause que les loix jugent de tout, qu'à raison de ce qu'en la dite profession, il se présente à discuter des questions de tout, occasion qu'il est dit : *Oportet advocatos esse capaces multis rebus cum per eos vita et patrimonium hominum debeant defendi* [2]. Si qu'un jurisconsulte doit estre versé en toutes sciences et avoir d'ailleurs la connoissance des affaires du monde, puisque sa profession est de donner advis ou jugement de toutes choses et que :

1. — L'Ecclésiastique, ch. 25, § 4. — *Anthologie franc.*, au mot Abus.
2. — Du Pleix, en son *Ethique*, l. 6, ch. 6.

jurisprudentia (leur profession) *est divinarum atque humanarum rerum notitia justi atque injusti scientia* [1]. N'estant insolent de dire que la jurisprudence est *divinarum rerum scientia, quum jurisconsulti merito sacerdotes appellantur et advocati, utentes legibus pro ut debent, meliorem vitam vivunt quam Fratres Prœdicatores vel alii religiosi* [2]... Les advocats plaidans sont appelés *Frequentes, Palmates, Priores, Primores, Primates,* etc. [3].

La charge de l'advocat est née avec la justice. L'ingéniosité de la charge d'advocat est telle qu'on peut l'appeler mère et source de toutes les invencions requises pour conserver ce qui nous appartient et recouvrer ce qui nous est retenu par autruy. Et s'il faut honorer quelque charge pour la nécessité, qui est celuy au monde qui pour la défense de sa vie ou de son honneur, ou de ses biens (sinon de tout) n'ait besoin de l'advocat?... Plaider des causes devant des juges, accuser des coupables, assister des accusés estoit dès le temps jadis une charge magnifique et libérale [4], voire et en des personnes qui avoient commandement dans les armées ou dedans le Sénat. Et y a eu des empereurs et autres grands personnages qui ont esté advocats et d'autres qui en sont provenus. Pompée ne fut pas plus souvent en l'armée que sous les juges et les premier Cœsars quoy que tout feust sous leur puissance, aimoient mieux quelquefois assister les accusés comme leurs advocats que par le suffrage de leur autorité souveraine... Le grand ayeul de l'empereur Didius Julianus s'appeloit *Salvinus Julianus, jurisconsultus* [5] (qu'est à dire advocat). L'empereur Antonius Caracallus, *cum Papiniano, suo affine, advocationem fisci gessit* [6]. L'empereur Opilius Macrinus *egerat clausulas, declamaverat, jusdixerat et advocatus fisci fuit* [7], etc., etc... Et des hommes les plus éloquents qui ont jamais esté entre les Grecs et les Latins, Démosthènes, Eschynes, Lysias, Socrate, Cicéron, Hortensius : ils estoient tous advocats.

1. — *Institutes* de Justinien.
2. — *Ut est in margine.* L. 1, *Digest., de Justitia et jure, in* 1° *t. Dig.,* Lugduni, 1551, ap. Hug. a Porta.
3. — Es *Plaidoyers* du Vernoy, p. 334.
4. — Barclay, en son *Tableau des esprits,* p. 414.
5. — Ælius Spartianus *de Did. Jul.,* p. 141.
6. — Æl. Spartianus, *de Ant. Carac.,* pp. 197, 202.
7. — Julius Capitolinus, *de Opil. Macrin.,* p. 209.

AFFLICCION. — On dit vulgairement, que lorsque l'allégresse est dedans la maison le deuil est à la porte, et que le fiel est logé près du miel... Le sage se prépare à l'affliccion avant qu'elle luy vienne et quand elle s'en va il n'en prend congé qu'à demy estimant qu'elle ne sera pas longtemps sans revenir... Si nostre joye n'est assaisonnée avec tristesse, c'est folie et si nostre tristesse n'est tempérée avec quelque mélange de joye c'est une tristesse infernale et désespérée [1]. Si la joye me vient toute seule, je luy demanderai où elle a laissé la tristesse sa compagne et toujours en despit d'elle je la joindrai à son contraire, afin que tandis que l'une répugne à l'autre toutes deux me soient amies.

AGRÉER. — Le gueux même s'agrée de l'odeur de son escuelle. Comme *Oueils e y a qui s'agraden de lagagne* [2], semblables à ceux à qui la fumée de leur village semble plus claire et plus luisante que le feu d'ailleurs [3]. *El emperador Severo nunca se vestia camissa sino de lino de Africa que era sa natural tierra. El emperador Aureliano dezia mucha vezes que todos manjares que comiamos de otras tierras los comiamos con sabor, mas los que eran de nuestra tierra los comiamos con amor y sabor* [4].

AGRICULTURE. — L'agriculture est la mère norrice de tous les autres arts [5] et quand elle est en bon point tout va bien. C'est un des arts qui sont posés en l'habitude de l'entendement actif. Elle peut se dire très noble pour ce qu'elle nous donne les choses nécessaires à la norriture et à l'entretènement de cette vie. C'est pourquoy Alexandre le Grand, de Macédone, ayant subjugué les Aragoces, les contraignit d'apprendre l'agriculture [6]. Aussy est-ce une occupation tranquille et qui chasse plusieurs mauvaises pensées et apporte beaucoup de thrésors à ceux qui y font bien le devoir. Sur ce sujet les anciens poëtes ont assis dans les entrailles de la terre la demeure de Pluton, dieu des richesses, lesquelles

1. — Hal, en son *Sénèque chrestien*, p. 117.
2. — *Il y a des yeux qui sont contents d'être chassieux. (Nous marquons d'un astérisque les notes que nous ajoutons à celles du manuscrit.)
3. — Anthol. franc., f. 173.
4. — Guévarre, en ses *Epistres*, f. 81.
5. — Marnix, en ses *Résolucions politiques*, p. 448; d'Aubus, de l'*Ebionisme*, ch. 2; Du Mesnil en ses *Actions forenses*, p. 83.
6. — Le Manzini, en ses *Harangues*, p. 167.

consistent en effect es fruicts que cette douce mère nous donne
largement quand nous la profondons avec le labourage. Le travail estant chose qui donne plus de fruicts d'une petite terre bien
cultivée que d'une grande mal soignée. C'est ce que fit connoistre
aux Romains Cate Furie Crésime [1] lorsque pour avoir cueilli une
très grande quantité de fruicts d'une petite possession qu'il
avoit, ses voisins l'accusaient d'enchantement et de magie, et
que luy pour montrer son innocence fit porter à la présence des
juges tous les outils dont il se servoit dans l'agriculture et y
représenta au tribunal une fille qu'il avoit norrie non es délices
mais au travail du laborage des champs, et avec ces preuves dit
aux juges : « Messieurs, voicy les charmes dont je m'ayde à contraindre ma terre de me rendre bien des fruicts qui sont à pro-
portion de ma pièce beaucoup plus que ceux que mes voisins
lèvent de leurs grandes possessions. Mon front sec, mes mains
crochues et mon dos courbé me servent de témoignage de mes
peines journalières. » Remonstrances qui eurent telle force qu'il
fut absous de l'inique accusacion dont on l'avoit calomnié et ainsy
acquit de l'honeur et de la récompense... Les laboureurs sont
à conter des membres principaux qui composent le beau corps
de la République, et leurs bestiaux du joug et leurs instruments
aratoires sont privilégiés, comme leurs personnes, à certains
respects, tant par la loi des Athéniens que par des ordonnances
de nos roys de France [2], par les reiglements des Indiens et par
les statuts des Romains. Au contraire des Egyptiens qui déprisent l'agriculture et les arts opifiques.

ALCHIMISTE. — Aucuns tiennent que c'est un abus que l'alchimie. Et à tant, c'est en vain, que les pauvres alchimistes
s'alambiquent l'esprit pour recouvrer la pierre philosophale [3]. Et
que peut-être sans fondement aucun de la dite catégorie ils ont
rempli leurs livres de plusieurs invencions sur ce sujet. L'alchimiste s'en fait accroire à d'aucuns et publie que le ventre de son
four a conceu un faix qui fera du bien à tout le monde, mais
cependant l'œuf se rompt et tout s'en va en fumée. *Nusquam
vidi alchimistam divitem.*

1. — Es *Refranos Castillanos, glossados*, etc., f. 267.
2. — V. *in meo Juris Inventario*, f. 379, et en mes *Commentaires sur
la Coustume de Soule*, f. 543.
3. — Hal, en son *Traité du caractère des vices* au chap. du Présomp-
tueux, p. 83.

C'est un crime capital d'exercer l'alchimie sans la permission du Prince [1].

ALLIANCE. — L'alliance donne bien de l'amitié mais non pas toujours des richesses [2]. Ainsy la paix fut remise en Bourgogne par le mariage de l'héritière du dit comté avec le fils du comte de Châlons [3]. La grande inimitié d'entre les Bourguignons et les Orléanois fut endormie par le mariage de Caterine fille du duc de Bourgogne avec Philippe d'Orléans, duc de Vertus, fils 2e du duc d'Orléans tué par le duc de Bourgogne. Huc Capet et sa postérité s'estans aperceus que la race de St-Arnould et de Charlemagne estoit regrettée en France, pour s'afermir au titre royal mariarent Philippe roy de France avec une fille de Balduin de Hollande descendue de lad. race. Alexandre le Grand pour se faire bien valoir des Perses maria cent Macédoniens avec cent Persanes, et ainsy attira à son amitié celle des Perses. En Basques la sanglante faccion des Luxétains et des Gramontois fut amortie par le mariage d'Isabeau de Gramont avec Jean seigneur de Luxe.

AMI, AMITIÉ. — L'amitié est l'âme et la vie du monde, plus nécessaire que le feu et l'eau [4] ; elle se crée par la bonne conversacion et par des bons offices faicts et receus avec franchise. Celuy là ayant besoin de complaire à chascun qui veut que chascun luy face courtoisie (comme l'on dict que qui plaisir faict, plaisir requiert)... L'homme sage se prive plus tost de tous biens que d'amis, lesquels il s'approprie par la hantise et honeste fréquentacion à cœur ouvert et sans réserve de tous les secrets. L'amitié est une flamme sacrée allumée en nos poitrines. C'est le soleil, le baston, le sel de nostre vie. C'est une confusion de deux âmes [5], très libre, pleine et universelle. *Solum e mundo tollere videntur qui amicitiam tollunt...* Les trois fondements de l'amitié sont la vertu, le contentement et le profit.

Amitié de la jeunesse est de durée [6]. *Unde* le gascon : *Arribanes e amous las prumières son las meillous.* Et l'espagnol :

1. — Majole, en ses *Jours canioulaires*, t. II, p. 679.
2. — Le P. Loriot, en ses *Secrets moraux*, t. I, p. 868.
3. — Marnix, en ses *Résol. polit.*, p. 615 ; Don Martin Carillo, en ses *Annales*, f. 55.
4. — Le *Guzman d'Alfarache*, t. I, p. 65, et Juigné, en son *Diccion. théologique* au mot Amitié.
5. — Charron, en sa *Sagesse*, p. 585.
6. — Le P. Loriot, *Secr., mor.*, t. I, p. 522.

Los primeros amores pueden se de la persona apartar, mas no del coraçon olvidar [1].

Le vray ami n'est pas ami de la seule fortune [2]. Une diagme de l'ami qui ne change pas au temps des disgrâces vaut plus que tout un monde de fausse et inconstante formalité [3]... Il y a tel ami qui est plus conjoint que le frère. *El amigo es otro si mismo.* Ne quitte donc point ton ami ni l'ami de ton père. *Mas vale una onça de amistad que no una arroba de consanguinidad* [4].

Il se trouve des hommes qui abandonnent leurs amis en l'adversité faisans comme l'ombre qui n'accompagne le corps sinon tant que le soleil, la lune, un flambeau ou autre grande lueur resplendit sur luy... Telle amitié ne vaut rien [5], car aymer en la prospérité et abandonner en l'adversité est amitié de cuysine et de corbeaux.

> *Quem tibi divitiæ peperere est falsus amicus,*
> *Argentum non te diligit ille tuum* [6].

L'amitié ancienne ne doit pas estre altérée par la nouveauté [7]. Pour ce respect les Romains ne voulurent mespriser l'amitié que de longtemps avant ils avoient contractée avec les Samnites pour à leur préjudice favoriser les Capouans. *Unde* le Basque : *Aurthen amore Berriagatic, Eztut uteiren çaharra* [8].

Si elle doit finir il ne faut pas déchirer mais doucement descoudre l'amitié. Mais : *Amicitia quæ desinere potuit nusquam vera fuit* [9]. Et Vérin en ses distiques :

> *Non temere admittas, ni fidum noris, amicum,*
> *Sed semel admissus semper habendus erit* [10].

1. — *Les premières amours peuvent être quittées mais non oubliées.
2. — *Les Fleurs de bien dire*, f. 15, etMarnix en ses *Résol. polit.*, p. 788.
3. — Hai, en ses *Méditacions*, nᵒˢ 8, 15, 21.
4. — * Mieux vaut une once d'amitié qu'une arrobe (25 lit.) de parenté.
5. — Guérin, en son *Laict des Chrestiens*, p. 197. — *La vertu des payens*, p. 170. — Vérin, en ses *Distiques*.
6. — *Faux ami gagné par ta richesse, pour ton argent non pour toi sa tendresse.
7. — Melliet, en ses *Discours politiques et militaires*, p. 367.
8. — * Pour l'amour de cette année ne pas laisser l'ancien.
9. — Vivald, f. 61. — *L'amitié qui a pu prendre fin ne fut jamais véritable.
10. — * Ne choisis pas un ami à la légère et sans l'avoir éprouvé, mais ensuite, garde-le toujours.

AMOUR. — L'amour est aveugle, ses loix sont injustes et ses décrets et ordonnances sont fort loin de la raison [1]. L'amour est une maladie de l'esprit, c'est une passion turbulente et ennemie du repos. Il est autant à craindre que ses approches sont mignardes et cauteleuses [2]. Il se glisse doucement es cœurs humains, mais quand une fois il s'est emparé de la place, il devient très farouche et violent. Un grand nombre des plus célèbres et valeureux hommes ont esté surprins et vaincus de cette passion qui les a forcés à des accions bien indignes d'eux... Comme aussi plusieurs des plus sages, illustres et généreuses dames ont faict naufrage en ceste navigation de l'amour de ce qu'elles avaient de plus précieux et recommandable.

L'amour se fait voir par l'entretien et par des œuvres, comme aussi l'amour seigneurie tout à coup [3]... Rien de si pénible que l'amour ne souffre, rien de si beau qu'il n'enseigne, rien de si difficile qu'il n'entreprenne, rien de si rude qu'il n'endure. Il esveille les esprits, il fortifie les courages, il inspire la politesse pour les belles paroles et la résolucion pour les accions les plus généreuses. C'est un grand docteur à l'eschole duquel on apprend beaucoup et mesme on y devient savant en très peu de temps. Pour l'amour :

> Les cieux sont bas et les orages calmes,
> Les abismes sans profondeur,
> Et les difficultés sont matières de palmes
> Aux desseins qui font son ardeur.

C'est comme il m'en print en une rencontre d'avec Jeane d'Arbide damoyselle, ma femme [4], auquel rencontre je me trou-

---

1. — Es *Visions du Pèlerin du Parnasse*, p. 78, et V. Axular, en son *Guero Esp.*, 340-411.

2. — Du Pont, en sa *Philosophie des esprits*, f. 239.

3. — Le *Guzman* au t. II, p. 940.

4. — * Jeanne d'Arbide de Lacarre, née vers 1594, était fille de noble Jean d'Arbide, II du nom, écuyer, seigneur de Lacarre, Gamarthe, Suhescun et Arbide et de sa seconde femme Marie de Grison. Son frère aîné, germain, Pierre d'Arbide, écuyer, seigneur de Lacarre, Gamarthe, etc., après la mort des enfants du premier lit, avait épousé, le 8 août 1614, Marie de Belsunce, fille de noble Bertrand de Belsunce, écuyer, commandant du château de Mauléon.

Jeanne d'Arbide de Lacarre eut deux sœurs consanguines : Jeanne, femme de noble Arnaud de St-Martin, écuyer, Gratianne femme de noble Anton d'Etchécahar; et deux sœurs germaines : Gratianne, mariée à noble Pierre de Suhare, écuyer, et Madeleine, épouse de noble Pierre-Arnaud de Maytie. (Généalogie manuscrite de la maison de Lacarre par M. de Jaurgain.)

vai au cas de tout ce que dessus, et pour ce, fis ceste petite
poësie :

> L'Iliade dans une noix,
> Le ciel mouvant dans une boule,
> Qui par d'ingénieuses loix
> Sembl'un ciel naturel qui roule,
> N'est qu'une vieille ficcion.
> L'amour a plus d'invencion ;
> Jeane, en qui tout bien je fonde,
> Puis que, par un art non pareil,
> Dans le seul enclos de ton œil,
> Tu m'as racourci tout le monde.
> Jeanne d'Arbide, tu es mon tout.
> Je ferois tort à ta victoire
> Si je pensois trouver le bout
> De mon Amour ou de ta gloire.

> Ton conmandement c'est ma loy,
> Ton inclinacion, mon Roy
> Et ton desplaisir mon offense ;
> Mon supplice, ta cruauté,
> Mon soulas gît en ta beauté
> Et toy seule est ma récompense.

> Je ne veux plus dresser d'autels
> Qu'à tes yeux qui sont mes délices,
> Leurs charmes qui sont perpétuels
> Méritent tous mes sacrifices.

> Mon vœu c'est ma fidélité,
> Ma victime, ma liberté,
> L'encens, le feu que je dévore,
> Pour autel je donne mon cœur
> Et ton œil, qui en est vainqueur,
> Est sur tout, ce que j'honore.

Ce fut ceste chaleur précipitée d'amour qui me luy fit faire ce
sonnet Acrostiche.

> J'admire l'arc en ciel, lorsque ses bigarreures
> Esblouissent mes yeux de mille beaux esclairs.
> Hé, qui n'admireroit ses émails tous divers
> Accoustrés à l'envi de si riches pareures !
> Ne devenez vous pas, si faites je m'asseure,

Nouveaux Endimions, pour aler baisoter
En une claire nuict, la lune à son lever
Désireux d'escheler la céleste cambrure?

Admirés encor plus le tout lustre Apollon
Rayonnant de brillans dessus nostre horizon ;
Veaux flambeaux, cachés vous; car voicy luire Jehanne ;

Je ne vous prise plus, clairs Astres, car mes vers,
Disent que la beauté qui fait mes jours amers
Est plus belle qu'Iris, que Phœbus, que Diane.

Procédés folastres miens, esquels, Dieu qui tire du mal le bien,
me dona à rencontrer le conseil d'un Sage.

Contre le mal d'amour qui tous les maux excède,
L'artifice n'invente un plus puissant remède
Soit pilule ou breuvage, emplâtres ou liqueurs
Que la science apprinse au Conseil des Neuf Sœurs.

Ama scientiam disciplinarum et carnis vitia non amabis[1].

AMOUR (Charmes, Philtres). — Aucuns tiennent qu'il n'y a
point de philtres d'amour ni d'herbes qui puissent y attraire les
personnes. *Unde :*

Hei mihi cui nullus amor medicabilis herbis[2].

Sur quoi Pline a raison de se moquer des philosophes qui
promettoient des charmes pour se faire aymer[3], de tant plus que
ce qu'on dit des maléfices pour l'amour, avec une hostie chiffrée[4]
avec dix ou douze messes, avec l'herbe calaminthe, meslée en
d'autres espèces (supposant quelle à la faculté d'attirer le cœur
et la volonté de celui qui la mange à l'amour de la personne qui
l'a donnée) est une folie et des tromperies de Satan... Tels crimes étaient punis par la loi salique qui mulcte et declare cou-

1. — Voir Guevarre, en ses *Epistres*, f. 76. * Cultive les sciences morales
et tu n'aimeras plus les plaisirs sensuels.
2. — Ovide, Métamorphoses, 1. — * Pauvre moi ! dont l'amour ne
peut être guéri par des herbes !
3. — *L'homme d'Estat*, p. 143.
4. — Mayole, en ses *Jours Caniculaires*, t. II, p. 406.

pable celui qui *alteri aliquod maleficium supergecerit sive cum ligaturis in quolibet loco miserit* [1]. Et Charlemagne en ses Capitulaires [2] dit plus amplement: *Omnibus est notum quod quibusdam prestigiis atque diabolicis illusionibus, ita mentes quorumdam inficiunt quidam malefici poculis amatoriis, cibis vel philacteriis... ea propter rigore Principis puniantur* [3]... Un jeune homme pour jouir d'une jeune fille lui ayant jetté dans le sein un petit rouleau de parchemin vierge où il y avoit des mots inconnus escrits et des poudres enveloppées dedans, le juge de Laval en ayant informé et après l'audicion de l'accusé, ordonna que le procès lui seroit faict extraordinairement par récolements et confrontacion des tesmoins. Le dit jeune homme en ayant appelé, ensemble du décret, contre luy, de prinse de corps, après une longue et docte plaidoirie du costé de l'appelant et idem de la part de la dite fille intimée, par arrest du Parlement de Paris du 16 d'apvril 1580, le procédé de l'ordinaire fut déclaré juste et ordonné que le procès seroit faict et parfaict extraordinairement au dit jeune homme [4]. Le parchemin vierge est ce que Marcellus empirique appella *cartam virginem* dont il rapporte plusieurs remèdes supersticieux, y escrivant des paroles qui ressentent leur magie [5]... et que les pondres employées pouvoient estre de l'Hippomanes (ou Hippomène) tant célébrée des poëtes grecs et latins et qui seroit ou une plante qui croist en Arcadie, ou [6]..., ou la chair arrachée du front du poulain, comme Cejonia en mit dans la coupe en laquelle Caligula buvait ; qu'on peut s'aider d'un lézard pulvérisé comme en Théocrite une sorcière en infusa au vin de son aymé, qu'on y employe le poil qui se trouve au bout de la queue du loup, ou le poil de la Hiène, celuy principalement qui est sur le museau, qu'on fut garni de la

1. — * Celui qui aura jeté un maléfice sur quelqu'un ou l'aura déposé sous ses enveloppes quelque part.

2. — *In Addit. ad Capitul. Caroli Magni, Capitul. 2, Cap.* 18.

3. — * Il est notoire que certains sorciers, par des artifices diaboliques, à l'aide de breuvages d'amour, pilules ou amulettes, corrompent les esprits... en conséquence qu'ils soient punis avec rigueur.

4. — Le Loyer, en ses *Spectres*, p. 154.

5. — *Ut Paulinus episc. Nol., in epistola ad Jovium.*

6. — * Nous omettons, *reverentia pudoris,* une des définitions hypothétiques de cette mystérieuse hippomanes... Les curieux de ces absurdités, dont ne dédaignaient pas, jadis, de s'occuper de graves esprits, pourront consulter une longue dissertation sur l'hippomanes insérée par le célèbre Bayle à la fin de son Dictionnaire critique.

4

pierre astérite, qu'on eut mis en une fourmillière une raine ou grenouille verte et en eut retiré les os, qu'on eut l'oiseau Sippe d'Aristote ou le poisson Remora ou le Tithymale, la racine de la Mandragore, le Leontopodium, le Phyteuma, le Catanance ou ongle de chat, l'Umbilic de Venus ou Cotyledon, ou le Dorycnium de Dioscoride [1]; qu'on eut encore l'oiseau que nous appelons du latin Turbot, les italiens *collotorto*, les allemands *veinthals*... qu'on eut attaché ses entrailles en un cercle rond et le tournant on eut dit quelques paroles charmées pour l'amour, comme Jason qui se sert de cela par le Conseil de Vénus pour gagner sa Médée [2]... Mais par tels prétendus remèdes d'amour on cause de grands accidents. Aussy Callistène, serviteur, ayant donné à Luculle le libéral, son maistre, une prinse qu'il disoit le pouvoir faire chérir de tout le monde, au lieu de ce faire, lui osta le jugement et fut cause qu'il mourut peu de jours après. Pareillement Prosper Colomne s'achemina à la mort après une maladie de huit mois, causée d'avoir prins recepte pour aymer [3]. Le poète Lucrèce avait esté empoisonné d'un breuvage incitant à l'amour, par celle qui l'aymoit [4]. Et ainsi fut mis en fureur, comme Caligula de la poccion que Cejonia sa femme luy donna.

Boquet dit qu'il y a des choses qui provoquent les personnes d'incliner au plaisir de la chair et que ces choses sont des philtres et breuvages d'amour [5],... aucuns disent qu'il y a des esprits ignés, aériens et terriens qui ont particulière commission d'esmouvoir les pensées et les désirs... et qu'à cest effect il y a des charmes qui enflamment le cœur aux excessives passions de l'amour [6]. Sur ce Du Pleix [7] advoudant l'efficace desd. philtres, charmes, artifices et autres moyens de maléficier les personnes dit que ces maux et inconvéniens adviennent à ceux qui par leurs

---

1. — * La liste de ces spécifiques est beaucoup plus longue dans Béla. C'en est assez pour donner une vue sur « l'occultisme » de l'époque. Notre temps n'en est pas affranchi. Le somnambulisme, le spiritisme, l'hypnotisme, qu'il n'y a pas lieu cependant d'assimiler aux pratiques des magiciens, sorciers, noueurs d'aiguillettes d'autrefois, ne permettent pas de tant s'étonner des antiques croyances au merveilleux, au mystérieux, à l'**extra-naturel**.

2. — V. Quintilian, Décclam. 246.

3. — Guicciardin, en son *Histoire d'Italie.*

4. — Eusebe, en *Chronic.*

5. — Boquet, en ses *Discours des Sorciers,* ch. 34, et Goulart, en ses *Histoires admirables,* p. 937.

6. — Fabrice Campani, en sa *Vie civile,* f. 177.

7. — En sa *Métaphysique,* l. 7, ch. 2.

péchés se rendent indignes de la grâce de Dieu et tumbent es rets et piéges qui leur sont tendus par les malins esprits.

ANIMAUX. — La peur du danger que les animaux ont leur vient de leur nature [1]. Autrement qui rendra raison certaine de la crainte que les poussins ont du milan quoiqu'ils le voyent dans les nues et ne craignent le chien et d'autres animaux qui sont auprès d'eux et souvent les foulent aux pieds. Idem d'entre la souris et le chat, la caille et l'espreuvier, la brebis et le loup, la vache et l'ours, le bestail bouvin et la mouche belle [2]... Et ces choses ainsy par une antipathie naturelle qu'on appelle abominacion, de laquelle, combien que la cause en soit secrète la discussion s'en puisse faire, et que la conscience en soit incertaine aux hommes ; pourtant Dieu, ouvrier de toutes les choses qui sont en la nature, en la connoissance. Et sauroit-on dire es antipathies occultes pourquoi Horace, Jaques de Forly et d'autres ont abominé l'ail, César germanique le coq, qu'il ne pouvoit ouïr, le fils de Crassus et le docteur Zarius qui estoient ennemis du pain ? Pierre d'Albano dit le Conciliateur, haïssoit le laict, le gentilhomme Napolitain de la maison de Tomacelli dont parle Pontan haïssoit toute sorte de breuvage, Cardon avoit en horreur les œufs. Henry de Cardonne et Olivier de Caraffe cardinaux abhorroient la senteur des roses, au point que pour icelle l'un tomboit en syncope et l'autre s'enfuyoit. L'Arioste abhorroit les estuves, le gentilhomme familier de Joseph de Lescale abhorroit le son de la vielle. Moy, Béla fuis la vue des crapauds et celle des pendus et autres suppliciés et leurs fourches patibulaires et eschafauts.

APPRENDRE. — Il faut plutost apprendre les choses prochaines que les esloignées et celles qui nous appartiennent que les concernantes autruy. C'est cette leçon qui donna pied au dire du bayle de l'Esperon (en Marensin proche Acqs et Bayonne) lequel enquis par le roy Louis 12, logé ches led. bayle s'il estoit riche comme on l'avoit dit à Sa Majesté, lui respondit : que graces à Dieu il n'estoit pas pauvre ayant de quoi vivre. Et le roy lui ayant répliqué comment il estoit possible qu'en un païs si maigre il eut peu devenir riche, le bayle lui répondit : que cela luy avoit esté aisé. Le roy lui ayant dict : comment. — Par ce sire, respon-

1. — Pline 2, en son *Histoire naturelle*, l. 8, ch. 4.
2. — Du Pleix, en la préface de son *Traité de la curiosité naturelle*, p. 4, etc. Le Loyer, en ses *Spectres*, p. 22.

dit le bayle que j'ay faict plustost mes affaires que celles de mon maistre et de mes voisins [1].

ARMES. — Il est bon que les armes soient tenues nettes et en bon estat, comme il est messéant au gentilhomme d'engager ses armes. Je fus présent que le 1er de juillet 1628, le roy Loïs 13 au siège de la Rochelle en la plaine d'Estré, faisant faire la monstre générale à son armée, composée, disait-on, de 22 mille hommes à pied et de 800 hommes à cheval, le roy ayant prins garde qu'un cavalier n'avoit pas son pistolet en bon ordre l'en reprint publiquement à la honte dud. cavalier. Et je remarquai que plusieurs des assistans admirarent led. advisement de Sa Majesté en une si grande assemblée d'hommes que nous estions, les uns à faire et les autres comme moy à voir faire lad. monstre.

ARTS. — Il faut se rapporter à un chascun en ce qui est de son art... Je conois dans ceste paroisse de Mauléon en Soule trois serruriers : l'un nommé Pierre de Balaguan qui est maistre parfait à faire des rouets de pistolets et arquebuses et qui ne réussit pas tant bien en fait de fusils, l'autre appelé Bernad de Nethol, excellentissime maistre en fait de fusils et qui ne rencontre pas tant en fait de rouets, et desquels serruriers arquebusiers ou pyrotechnistes ni l'un ni l'autre ne savent pas si bien faire des mors de bride, des esperons, et telles choses de leur art, comme Gracian de Landetchepare, troisième des dits maistres arquebusiers et serruriers, lequel fait très bien lesd. mors de bride, esperons, estriers, etc. du dit mestier et ne fait pas des rouets et des fusils si bien que les autres susnomés, siens compagnons d'office ou mestier. Remarques des advocats en un siege judiciaire, dont les uns excellent les autres en éloquence au barreau, les autres outrepassent leurs compagnons ou collègues en la consultacion et les autres à bien concisement et nettement faire pas escrit. J'ay conu feu Anchot de Mesplès seigneur d'Esquioule estimé un des excellens guerriers du royaume de France à conduyre une infanterie et qui pourtant refusa toute sa vie de se trouver en duel sur le pré ; mesmes ne voulut y sortir au capitaine Vignerte qui l'y appela et réussissoit bien es chocs de guerre et néantmoins n'estoit pas tant capable à conduyre des troupes de gens de guerre. Etc. de plusieurs autres différences des gens d'une mesme profession, qui a faict dire à l'Espa-

2. — Monluc, en ses *Commentaires*, t. II, f. 31.

gnol : *Mucho ay de Pedro a Pedro,* pour dire que mesmes effects ne conviennent pas à toutes personnes[1].

ATELIERS. — Pour remédier aux inconvéniens de l'oisiveté le prince doit faire dresser des ateliers publics[2] pour y faire travailler sans discontinuacion, à l'exemple de Périclès à Athènes, afin que personne ne puisse s'excuser légitimement de ne point trouver employ pour s'entretenir sans mendier. Ainsy est la manufacture à Bordeaux.

AVANCEMENT. — Il y en a eu et y en a qu'un petit avancement a tant enorgueillis et enflés par dessus eux mesmes qu'ils n'en ont pas seulement oublié leurs amis mais aussy ont mesprisé leurs parents. J'ai connue une femme née et norrie en cette parroisse-cy [de Mauléon] laquelle ayant esté mariée par un sien oncle avec un homme de plus haute condition qu'elle (occasion qu'elle changea aussy d'habits et de païs), laquelle estant un jour visitée en son logement par quantité de damoysèlles de son voysinage, qui l'honoroient à cause de l'éminence de son oncle, comme son père y arriva et elle luy ayant dit de passer à une autre chambre pour boire, et que les assistantes l'eurent enquise qui estoit cet homme là, elle leur respondit que c'estoit l'homme de chambre de son père. Mais aussy Dieu punit dès ce monde l'ingratitude de cette femme là en ce qu'elle perdit la veue et mourut aveugle. Je connois aussy un homme de non loin d'icy (quant à son origine) à qui la Fortune en a dict et lequel mesprise ses parents au point que lorsque de ses parents sont allés le visiter à son retour chez soy et que des estrangers qui estoient avec luy luy demandoient qui estoient ces gents, il respondoit que c'estoient des parents de sa mère (de laquelle pourtant il a le plus d'honneur quant à sa naissance). Tant les imprudents se comportent difficilement en la modestie qu'il faut observer en tous estats.

BATAILLE. — Alfonse roy d'Aragon, gagna 27 batailles, Lucius Licinius Dentatus en soutint 120[3]. En moins de trois ans le grand Gustave, roy de Suède, gagna 3 batailles et la 4ᵐᵉ celle de Nam-

---

1. — Melliet, en ses *Discours politiques,* p. 332. — * Il y a beaucoup de différence entre Pierre et Pierre.

2. — Melliet, en ses *Discours politiques,* etc. p. 631, et Fortin en son *Testament,* etc. p. 243.

3. — Marnix, en ses *Résolucions politiques,* p. 139 et 920.

bourg (où il fut tué traitreusement[1] le 29 de no^{bre} 1632). César soutint 50 batailles assignées[2]. Marcellus s'estoit trouvé en 39 batailles. Idem de Périclès[3]. Trévulse capitaine vaillant, sage et expérimenté s'estoit trouvé en 18 batailles[4]. Le grand Henry roy de France et de Navarre gagna 3 batailles rengées, 35 rencontres d'armes et 140 combats où il combatit de sa main et en 300 sièges de places[5]. Edouard roy d'Angleterre estant à pied gagna 9 grosses batailles[6]. Archidamus Gréjois gagna 10 batailles sur mer et sur terre[7]... Siccius Dentatus se trouva en cent vingt tant batailles que rencontres et 8 fois en champ clos où il vainquit toujours son ennemi[8]. L'empereur Vespasien eut à combattre en personne en bataille rengée plus de 30 fois[9].

BÉLA. — [* Jacques de Béla s'étend ici très longuement sur sa personnalité, les incidents et les traverses de son existence, sa famille et ses ancêtres, particulièrement Gratian de Béla son aïeul et Gérard de Béla son père qui joua un rôle important dans les mouvements de la Soule au xvie siècle. Nous avons utilisé dans la notice biographique ce qu'il y a d'intéressant dans cet article sur Jacques de Béla lui-même. Il n'est pas la peine de s'arrêter aux rêveries généalogiques de notre auteur qui témoignent plutôt de ses prétentions à une érudition universelle qu'à une antique noblesse. Partant de ce principe de droit que le nom patronymique, le *cognomen* porté par une famille est censé lui appartenir de toute ancienneté, à moins qu'il n'y ait preuve du contraire, il croit pouvoir se rattacher à la même consanguinité que tous ceux qui ont porté le nom de Béla, même dans les temps les plus reculés. Il n'est pas l'inventeur d'une si étrange imagination, qui avant lui, après lui, a hanté d'autres cerveaux. Les Lévi s'honoraient de la parenté de la Sainte Vierge, les Cossé voulaient remonter jusqu'à Cocceius Nerva et les Lentil-

---

1. — *Le soldat suédois*, p. 470.
2. — Pline 2, en son *Histoire naturelle*, part. 1, l. 7, ch. 25.
3. — Melliet, en ses *Discours politiques*, pp. 884 et 889, et Juigné, en son *Diccionn. théologique* au mot Périclès.
4. — Melliet, en ses *Discours politiques*, p. 743, et Goulart, en ses *Histoires admirables*, p. 501.
5. — *Petite chronique de France*, impr. à Lyon, chez Rigaud, l'an 1611.
6. — Philippe de Commines, en ses *Mémoires*, l. 3, ch. 4.
7. — Guevarre, en ses *Epistres* en Espagnol, f. 89.
8. — Juigné, en son *Diccionn. théologique*, au mot Siccius,
9. — Juigné, au mot Vespasien.

lac descendre du consul Lentulus. A cet exemple, Jacques de Béla estime qu'à travers les migrations des peuples et la nuit des origines il doit être de la même souche primitive que Béla roi d'Idumée, les quatre Béla, rois de Hongrie, les Béla ou Véla d'Espagne [1], tous lesquels ne sauraient avoir d'autre ancêtre que le premier homme qui a porté le nom de Béla, savoir Béla, fils de Benjamin, fils de Jacob. Mais fidèle à son système il ne renie pas parmi ses agnats une famille de roturiers et d'agriculteurs, connue d'ailleurs depuis le xiii° siècle [2] et non éteinte au xvi°, les Béla de Saint-Goin, près Oloron.

Nous nous bornerons à emprunter à ce long discours quelques notions concernant le père et l'aïeul de Jacques de Béla. Elles ont leur intérêt pour l'histoire de la Soule et comme elles rectifient les appréciations erronées de quelques historiens, nous les appuierons par la transcription de documents originaux et inédits.

Gratian de Béla, fils d'autre Gratian, né en 1526, exerça la charge de syndic général du pays de Soule. En 1550, il était substitut du Procureur général du Roi près la justice royale de Mauléon et le 3 mai de cette année, dans l'assemblée générale de tous les gentilshommes de la province pour la création de l'office de lieutenant général de robe longue à la Cour de Licharre, il conclut pour le Roi et signa en sa qualité la délibération prise à ce sujet.

Il avait épousé le 8 avril 1546 d[lle] Marguerite-Miramonde d'Ohix, fille de Jean d'Ohix, bailli royal de Mauléon, et de Catherine de Muret. Nous avons son testament notarié, dressé à Mauléon le 4 juin 1562. On y voit qu'il était catholique et qu'il laissa après lui trois enfants, un fils unique, Gérard, et deux filles, Saurine et Claire-Jeanne.

Gérard, fils de Gratian et de Catherine de Muret, né en 1550, fut marié, comme nous l'avons dit, le 19 septembre 1577, à Catherine de Johanne, fille de Jean de Johanne, conseiller d'État de la reine Jeanne de Navarre, conseiller en la chancellerie de

1. — Au siècle suivant, cette illustre famille navarraise reconnut formellement, et par écrit, le chevalier de Béla comme étant de son agnation. Il serait curieux qu'elle se fût fondé uniquement sur les raisons données par Jacques de Béla.

2. — Bernard de Bélac, de Saint-Goin, fut, en 1297, un des arbitres choisis par la vicomtesse de Béarn et la vicomtesse de Mauléon pour délimiter le Béarn et la Soule. V. ci-dessus.

Saint-Palais et lieutenant général de robe longue au pays de Soule, et de Séverine de Majorali [1].

Gérard de Béla, à raison de son jeune âge, ne put avoir aucune part aux premiers troubles de Soule; il y a lieu néanmoins de les rappeler en quelques mots pour expliquer sa conduite lorsqu'il y fut mêlé.

La vicomté de Soule, dépendant du duché de Guyenne, était du domaine du roi de France. Après son père Antoine de Bourbon, Henri de Navarre, à peine âgé de 15 ans, y exerçait l'autorité en qualité de gouverneur et lieutenant général en Guyenne. C'est à cette circonstance que ce petit pays, foncièrement catholique, dut de ressentir si profondément le contre-coup des guerres religieuses. Jeanne d'Albret qui venait de changer de religion, jeta son fils dans le parti réformé. Par les mesures les plus tyranniques (jusqu'à défendre la messe sous peine de mort) elle s'efforça de rallier à sa nouvelle opinion les Béarnais, les Souletins et les Bas-Navarrais. Jean de Belsunce, vicomte de Macaye, très puissant dans le pays basque, était à cette époque et depuis 1561, lieutenant général du Roi en Soule, sous Henri de Navarre, lieutenant général en Guyenne. Il était dévoué à Jeanne d'Albret et à son fils et suspect d'être favorable aux huguenots. Charles, baron de Luxe, son beau-frère, ardent catholique, luttait avec lui d'influence et aspirait à le primer.

On connaît suffisamment par les annalistes contemporains et les historiographes modernes [2] les événements qui se déroulèrent au grand dommage de la Soule et du Béarn à partir de 1567. Nous ne pourrions, à l'aide des papiers de Béla, y ajouter que des particularités peu importantes et qui réclameraient trop de développements. Une ligue catholique fut soulevée en Basse-Navarre par Charles de Luxe contre Jeanne d'Albret. Les premiers succès menaçaient gravement l'autorité de cette princesse.

1. — La famille de Johanne devait accroître son éclat par la suite. Arnaud de Johanne, frère aîné de Jean, quitta la Soule appelé dans le Blaisois par son oncle maternel Menaud de Lacarre, seigneur de Saumery, aumônier du roi Henri III. Ce dernier avait été lui-même attiré dans cette contrée par son parent Bernard de Authie, abbé de Pontlevoy et grand aumônier de France. Menaud de Lacarre laissa son nom et sa fortune à son neveu et Arnaud de Johanne de Lacarre, seigneur de Saumery, fut la tige des comtes et marquis de Saumery do Lacarre, bien connus par les hautes charges qu'ils ont occupées dans l'église, dans les armées et à la Cour jusqu'en 1789.

2. — Bordenave, Poeydavant, Mirassou, Menjoulet, de Jaurgain, Communay, etc.

Charles IX, espérant encore qu'elle ne s'engagerait pas complètement dans le camp de ses ennemis, apaisa ce mouvement, tout
en récompensant Charles de Luxe qu'il honora du collier de son
ordre (fin 1567). Mais l'année suivante, lors de la prise d'armes
des huguenots en Guyenne, la reine au lieu de se rendre au
mandement de Charles IX, alla rejoindre les troupes du prince
de Condé. Le Roi irrité suspendit Henri de Navarre de sa charge
de gouverneur, défendit de lui obéir tant qu'il serait avec les
huguenots et ordonna la saisie de tous les biens de la mère et
du fils. Le baron de Luxe fut en même temps nommé lieutenant
général de Soule à la place de Belsunce. Charles IX méditait de
s'emparer du Béarn par les armes et le nouveau gouverneur
préparait les voies en se saisissant de Mauléon où il s'établit
avec ses compagnies basques. En août 1569, Terride arriva en
effet avec une armée. Pau, Sauveterre, Orthez furent pris, le
Béarn et la Soule furent ensanglantés. Mais Montgommery, au
nom de la reine de Navarre, ne tarda pas à prendre une terrible
revanche. La Soule subit de nouveaux et plus grands désastres.
Charles de Luxe fut chassé de Mauléon par le capitaine Senégas.
La ville fut brûlée et saccagée. Les villages voisins eurent le
même sort. Presque toutes les églises furent réduites en cendre.
Le château du Domec de Chéraute fut incendié et le gendre de
la maison qui le gardait, massacré (fin 1569)[1]. Le capitaine Pierre
d'Aramits prit la place de Charles de Luxe.

L'année suivante les catholiques ayant eu quelques succès,
Luxe essaya de reprendre Mauléon. Mais Aramits fut secouru
par le régiment du vicomte de Moncla et les cornettes de la
cavalerie de Sévignac. Le baron de Montamat et le seigneur de
Lons survinrent aussi et repoussèrent Luxe et ses basques vers
les montagnes. La ville et le château furent de nouveau livrés
au pillage et au feu. La maison de Béla, dans la haute ville, qui
avait déjà souffert l'année précédente, fut entièrement consumée
par les flammes[2]. Cependant, peu de temps après, Luxe ramena
ses troupes renforcées des paysans des montagnes, reprit Mauléon et se réintégra dans la charge de lieutenant général.

La Soule fut tranquille quelques années. Elle se ressentit à
peine des nouveaux troubles qui se succédèrent de 1570 à 1585.
Dans cet intervalle furent promulgués divers édits de pacifica-

1. — *Tablettes*, art. Béla et Papiers de Béla.
2. — *Tablettes*, art. Béla et Papiers de Béla.

tion qui donnaient droit à Jean de Belsunce de se remettre en fonctions. Mais Charles de Luxe ne pouvait être dépossédé que par la force des armes.

C'est dans ce temps de paix pour la Soule que Jacques de Béla fut nommé juge et bailli royal de Mauléon. Nous avons sous les yeux l'original des lettres-patentes de provision délivrées par Henri III à Blois le 15 janvier 1577. Elles contiennent le passage suivant : « Pour le bon rapport que faict nous a esté de la personne de notre cher et amé M⁰ Gérard de Bélac et de ses sens, suffisance, loyaucté, preudhomie, expériance, littérature et bonne diligence en faict de judicature, à icelluy pour ces causes et autres à ce nous mouvant, en considération des bons et agréables services qu'il nous a cy devant faictz, faict et continue chescun jour et qu'espérons nous fera cy après, et mesmes désirant le gratiffier des pertes et bruslement de ses maisons assises au lieu dit de Mauléon de Soulle, qui luy fut faict lors du voyage du feu comte de Montgomery en l'an mil cinq cens soixante neuf, luy avons donné et octroyé, donnons et octroyons par ces présentes l'estat et office de bayle et juge royal du dict lieu de Mauléon que naguères souloit tenir et exercer M⁰ Saux d'Arraing dernier paisible possesseur dicelluy, vaccant à présent par son trespas... »

On a dit que Gérard de Béla avait déjà à cette époque embrassé la religion protestante. C'est une erreur. Ces lettres-patentes sont revêtues du procès-verbal de prestation de serment de Jacques de Béla dressé le 3 juin suivant par devant Thomas de Bain, conseiller du Roi et lieutenant général en la grande sénéchaussée de Guyenne. On y lit : « Amprès nous avoir apparou de l'enquestation faicte sur la vie, mœurs et religion catholique dud. de Bélac et ayant esté examiné et trouvé cappable et suffisant en présance des advocats et procureur du Roy de lad. séneschaussée, led. de Bélac a faict et presté le serement dud. estat et office de Bailli et juge royal dud. lieu de Mauléon de Solle... »

Jacques de Béla n'a embrassé le parti réformé ou pour parler plus exactement le parti du roi de Navarre que lorsque la Ligue menaçait de faire passer la France sous la domination de l'étranger. On ne le trouve mêlé à la politique qu'après le traité de Joinville signé, en 1584, par les Guises avec Philippe II, roi d'Espagne.

A cette époque, le duc d'Anjou, unique frère du Roi, venait de perdre la vie ; Henri III était de faible santé et destiné à mourir

sans enfants, il s'agissait pour les Français de choisir entre le
futur Henri IV, héritier légitime de la Couronne et le roi de la
Ligue qui eût été le sinistre fils de Charles-Quint plutôt que l'im-
bécile cardinal de Bourbon. A 15 ans d'intervalle en 1568 et en
1584, on peut porter un jugement bien différent sur ceux qui se
déclarèrent en faveur d'Henri de Navarre. En 1568, le jeune
prince, entraîné par sa mère, pouvait être considéré par les
catholiques et les royalistes comme un ennemi du Roi et de la
paix publique; après le traité de Joinville les protestants et les
catholiques modérés se rencontraient pour voir en lui le futur
roi de France, le restaurateur de la concorde et de la prospérité
nationales. Et ce n'est pas de leur côté qu'étaient l'aveuglement
et l'erreur. Nous transcrivons les actes officiels qui mettent au
point, comme on dit, la conduite de Jacques de Béla. On jugera
si ce double témoignage d'Henri de Navarre et d'Henri IV, ces
lettres d'aveu et de solidarité d'un grand Roi vis-à-vis d'un
modeste magistrat de province suffirent à laver celui-ci des
injustes et illégales rigueurs du fanatique Parlement de Bordeaux.
Jacques de Béla dans un coin de la France fut le bras qui obéit,
par conviction autant que par devoir, la tête qui commandait à
mérité la reconnaissance éternelle de la patrie.]

COMMISSION DE HENRI, ROI DE NAVARRE, GOUVERNEUR ET LIEUTENANT
GÉNÉRAL EN GUYENNE EN FAVEUR DE JEAN DE BELSUNCE ET GÉRARD
DE BELA. DU 23 NOVEMBRE 1587.

Henry par la grâce de Dieu Roy de Navarre, seigneur souverain de
Béarn, Premier Prince de sang, Premier pair de France, gouverneur
lieutenant général et admirailh pour le Roy en Guyenne, à tous ceulx
que ces présentes lettres verront salut, Nous aurions cy devant commandé au s͏ʳ de Belsunce gouverneur de la ville de Mauléon pays et
vicomté de Soule se saisir de son d. gouvernement que le s͏ʳ de Lusse
occupoit contre les édictz de pacification cy devant faictz par lesquelz
tous officiers et gouverneu;s debvoient rentrer en leurs estats et suyvant
la dicte commission le dict s͏ʳ de Belsunce s'estant remis le déxiesme de
feburier dernier passé en son dict gouvernement il auroit faict exercer
la justice tant par luy lorsqu'il a esté sur les lieux comme chef d'icelle
suivant la coustume que par nostre cher et amé M͏ᵉ Géral de Bellac juge
bailly royal de la d. ville de Mauléon pays et vicomté de Soulle et lieutenant de robbe longue du d. s͏ʳ de Belsunce en la cour de Lixarre.
Neaulmoingtz la cour de Parlement de Bourdeaux et seneschal des
Lanes au siège présidial d'Acqs auroient en hayne de la religion et de

la prinse du dict chasteau donné aucuns arrestz et sentences par lesquels ils auroient cassé les Jugemens et procédures du dict de Bellac et renvoyé les parties ailheurs que par devant lui et court de Lixarre. A l'occasion de quoi lesdictes parties sont et pourroient estre à l'advenir constitues en plusieurs foulles, fraiz et despences et peines de la justice qui leur doit estre administrée. Pour ces causes ayant eu sur ce l'advis et déiibéracion de nostre conseil et désirant le soulagement du peuple du dict pays et pourvoir à ce que à l'advenir les dicts subjectz et habitans du d. Soule ne demeurent sans exercice de lad. Justice et que punition soit faicte des crimes et malléfices qui se commettent ou pourroient commettre ordinairemont au dict pays pour l'espérance que les délinquans auroient de n'en estre punis et chastiés soubz colleur de cassation des procédures susdictes et autres qui pourroient estre faictes. Nous avons dict et declairé, disons et déclairons par ces présentes que tous les Jugemens qui seront baillés cy ap ès tant par les dicts sieurs de Belsunce que Bellac bailly royal susdict et lieutenant de robbe longue dud. Belsunce en la dicte justice et courts ordinaires en matières civilles et jusqu'à la somme et concurrance de vingt cinq livres seront exécutés de poinct en poinct selon leur forme et teneur sans aucun appel. Et quant aux autres matières civilles excédant la dicte somme les dicts de Belsunce ou de Bellac ou chascun d'eulx jugeront icelles, appelez avec eulx quatre autres personnages soict de gentilshommes du dict pays qui seront Juges naturels et coustumiers en la d. court de Lixarre ou en leur deffault et reffus autres gradués ou praticiens jusques au dict nombre. Et les Jugemens qui par eulx ou l'un d'eulx en la forme susdicte auront esté baillés seront aussi exécutoires et sortiront leur plain et entier effect nonobstant quelconques appellations sauf aux parties de poursuivre si bon leur semble leurs d. appellations lors que Dieu nous doura une bonne paix et au moyen d'icelle le pourront faire seurement soulz l'autorité de Sa Majesté. Et pour le regard des criminelles seront aussi les jugemens des dicts ssrs. de Belsunce et Bellac ou l'un d'eulx tenans la forme susdicte exécutés de poinct en poinct selon leur forme et teneur. Tout ainsi que les matières civilles n'excedant la dicte somme de vingt-cinq livres sans appel et sans avoir esgard icelluy. Cy mandant au d. s^r de Belsunce, de Bellac, procureur de Sa Majesté et à tous autres juges justiciers et officiers du dict pays qu'il appartiendra faire lire, publier et enregistrer nos présens délaration, vouloir et intention et icelles faire garder entretenir et observer de poinct en poinct selon sa forme et teneur. En tesmoing de quoy nous avons signe ces presentes de notre main et a icelles faict mettre le scel de nos armoyries. Donne a Pau le xxiiime jour de novembre mil cinq cens quatre vingt sept.   HENRY.

Par le roy de Navarre premier prince de sang et premier pair gouverneur et lieutenant général messieurs de Rocques de Reaulx, du Freische de Coulomes et plusieurs autres présens. Du FAY.

LETTRES-PATENTES DE HENRI IV, ROI DE FRANCE ET DE NAVARRE, POR-
TANT APPROBATION DE L'ADMINISTRATION ET DES ACTES DES S^{rs} DE
BELSUNCE ET BÉLA, CASSANT LES PROCÉDURES ET ARRÊTS FAITS A
L'ENCONTRE ET ÉVOQUANT TOUTES LES CAUSES CONCERNANT LES DITS
AU GRAND CONSEIL. DU 5 JUILLET 1591.

Henry par la grâce de Dieu Roy de France et de Navarre. A tous ceulx
que ces présentes verront, Salut. Nostre cher et bien amé le s^r de
Belsunce gouverneur en nostre ville de Mauléon nous a faict remonstrer
que en l'année mil cinq cens soixante huict s'estant le sieur de Luxe
contre les édictz de pacification saisi et emparé de la dicte ville en
laquelle le d. exposant avoict esté establi gouverneur des l'an mil cinq
cens soixante cinq par le feu roy Charles nostre très honoré seigneur et
frère il auroict par nostre exprès commandement trouvé moien de
resaisir, lad. ville et chasteau de Mauléon le deuxiesme de febvrier mil
cinq cens quatre vingt sept et rentrer en son d. gouvernement ou estant
remis et restably il auroit pour le deu de sa charge advisé qu'il estoit
très nécessaire d'imposer certaines sommes de deniers sur led. pays
tant pour la réparation et fortiffication de lad. place qui estoit ruinée
que pour l'entretien des gens de guerre qu'il y convenoict mettre pour
la garde d'icelle. Comme aussi en la quallité de gouverneur et premier
juge du pays, assisté du s^r de Lalanne mestre de camp de l'infanterie
béarnaise et de Me Girard de Belac baillif aud. pays il auroict faict
exercer la Justice et proceddé au Jugement de quelques conspirateurs
et faict autres actes de Justice sur quelques procès en conséquence de sa
d. charge. Et combien que led. exposant n'ait rien faict en ce que dessus
que par nostre permission et exprès commandement et suivant le reiglement que à ces fins nous lui aurions faict dépescher en nostre conseil de
Navarre le vingt troisiesme jour de novembre mil cinq cens quatre vingt
sept, qu'il auroist faict et effectué. Ce néantmoings il a esté adverty que
nostre court de Parlement de Bourdeaux estant de ce indignée auroict
fait faire quelques informations tant contre luy que le d. de Belac pour
raison de quoy et pour éviter que à l'advenir ils n'en puissent estre
recherchés travailles ou inquiétes ils ont esté contraintz recourir par
devers nous et nous supplier très humblement leur vouloir sur ce
pourveoir de nos lettres requises et nécessaires. Scavoir faisons que
nous pour ces causes et considérations, de l'advis de nostre conseil
auquel a esté veu le reiglement dessus dict, cy attaché soubs nostre
contre scel, Avons confirmé, ratiffié et approuvé et de nos certaine
science, plaine puissance et autorité roiale confirmons, ratiffions et
approuvons lad. administration de la Justice et Jugemens par eulx
donnés suivant led. reiglement et conformément à l'édict par nous faict
sur la révocation des chambres de Sainct-Jehan, Bergerac et Montauban ensemble l'imposition de deniers et autres actes d'hostilité par eulx

faicts pour la conservation de lad. place et pays et tout ce qui s'en pourra estre ensuivy en conséquence de ce que dessus. Comme ayant le tout esté faict par nostre exprès commandement et pour le bien de nostre service sans que les d. exposant et Belac en puissent estre recherchés, poursuivis, ne inquiétés en aulcune sorte et manière que ce soict en vertu des informations et aucunes procédures qui s'en sont contre eulx ensuivies tant en nostre court de Parlement que ailleurs lesquelles nous avons à ceste fin casaées et révoquées, cassons et revocquons et icelles déclarons nulles et de nul effect et valleur par ces présentes imposant sur ce silence perpétuelle à nostre procureur général présent et à venir et à tous autres. Et en conséquence de ce que dict est nous avons évocqué à nous et nostre personne tous es chascuns les procès, tant civils que criminels, que les d. de Belsunce et de Belac peuvent avoir en leurs propre et privé nom, tant en nostre court de Parlement de Bourdeaux que par devant nostre seneschal de Guyenne ou son lieute- nant. Et iceulx renvoyé et renvoyons en nostre grand conseil pour y estre jugés ainsy qu'il appartiendra, voulant à ceste fin les parties estre assignées à certain et compectant jour par le premier nostre huissier ou sergent sur ce requis et auquel par ces dictes lettres, en avons attribué et attribuons toute cour, jurisdiction et cognoissance et icelle interdi- sons et déffendons à nostre d. Cour de Parlement et tous autres nos Juges et aux parties de ne faire aucune poursuite ne ailleurs qu'en nostre d. conseil le tout à peine de nullité de procédure et de tous des- pens, dommaigès et intérestz. Si donnons en mandement à nos amés et féaux les gens tenant nostre grand Conseil que ces presentes ils facent publier et enregistrer et du contenu en icelles jouir et user plainement et paisiblement les d. de Belsunce et de Bélac. Cassant et faisant casser, etc... Car tel est notre plaisir nonobstant quelconques opposition, restriction, mandement, jugement, arrest, et deffense à ce contraire, auxquelles et aux derogations d'icelles nous avons desrogé et desrogeons par ces présentes... en tesmoing de ce nous avons faict apposer nostre scel. Donne à Mantes le cinquiesme jour de Juillet l'an de grâce mil cinq cens quatre vingt onze et de nostre règne le deuxiesme. Par le Roy.   Rozier.

BLASPHÈME. — Le Blasphème se faict manifestement et déguisément : manifestement comme lorsqu'on a le nom du Diable à la bouche, en ses propos ordinaires, lorsqu'on renie Dieu ou qu'on transperce son sainct nom, qu'on jure la mort, le sang, la teste, la passion, etc. de Dieu ou de Nostre Sei- gneur Jesus-Christ ; et déguisément comme ceux qui disent Morbieu, Charbieu, Testebieu, le Folet, ô les trente mille, etc., quand on dict par mespris d'une chose qui va mal : elle va comme Dieu veut, Dieu l'a faict et puis l'a laissée là, lorsque par mespris on appelle un homme niais, chrestian, Sa Sainteté et semblables termes ; ceux qui profanant la Saincte escriture par discours de plaisanterie... ceux qui parlent mal des œuvres de Dieu, en raillant, se faschent, murmurent, se mocquent quand il tonne ou gresle ou qu'il y a petite récolte, que les vins sont verds, etc... La peine du blasphémateur doit estre la mort[1] : que s'il eschape la main du magistrat terrien, il n'eschapera pas celle de Dieu.

... J'ay ouï raconter à un homme d'honeur qu'un jour certains hommes jouant à la courte boule au lieu d'Isturritz en Arbeloue, comme la boule de l'un des dicts joueurs se fust arrestée proche l'archelet et en bon endroit pour passer au delà, quelqu'un de la compagnie luy dict que Dieu aydant il passeroit la boule par l'archelet et gagneroit le jeu. Sur ce le dict joueur ayant dict blasphématoirement à celuy qui luy promettoit l'espérance du dict gain, que si Dieu le vouloit ou ne le vouloit pas il passeroit par le dict archelet la boule, par son coup de maillet, et ayant ensuite voulu frapper la boule, par son maillet, pour la faire passer par le dict archelet, il se renversa dans le billard à terre tout estourdy, essensé et hors de jugement et la boule ne passa point par l'archelet, mais roula par le costé d'iceluy à la grande admiracion de tous les assistans[2].

BLESSURES. — Aucuns pensent que parfois les blessures de l'occis saignent à la venue du meurtrier. Signe de preuve duquel crime de meurtre des juges ont approuvé par infinis jugements, que le meurtrier passant sur le corps mort, sans pourtant le toucher, la playe saignoit. Ainsy certains officiers de certain lieu ayant saisi par suspicion d'homicide un quidam et l'ayant présenté au corps qui estoit mort, y avoit quinze ou seize heures, devant tous les assistans, la playe saigna, à laquelle effusion de sang la cour eut grand esgard pour faire réappliquer à la question l'accusé du meurtre.

... Toutesfois ce signe n'advient pas toujours, comme j'en vis l'expérience en ce que Petiri de Harriague habitant de la présent ville de Mauléon, soldat à toute paye et geolier au chasteau royal

---

1. — Lévitique, ch. 24 ; Girart, en l'*Astuce du Diable*, l. 3, ch. 6 ; *Le Philalethe*, esp. pp. 19, 20. — * Je ne saisis pas la signification et le caractère blasphématoire des mots : le Folet, les trente mille.

2. — * Le jeu de la « courte boule » en usage dans le pays basque au commencement du xviiᵉ siècle, présente une grande analogie avec le jeu assez récemment introduit d'Angleterre en France et nommé « Croquet ». Je crois que l'observation n'avait pas été faite.

de cette dite ville, ayant esté tué de guettepens, d'une arquebusade ou coup de fusil, le 23 d'aoust de la présente année 1642, du jardin dit d'Ihare en hors, tout auprès la porte de derrière de la maison de Chapato, environ les quatre heures après midy, allant vers le dit chasteau, celuy qu'on tenoit et qu'on tient indubitablement avoir esté son meurtrier, ayant esté emprisonné et conduit au chasteau, dans quelque heure après le dit meurtre, le lendemain environ les deux heures d'après midy le cadavre dud. de Harriague fut porté à la basse cour dud. chasteau où on fit passer par dessus le corps mort led. meurtrier, et celuy cy y ayant une jambe de l'un costé d'iceluy mort et l'autre de l'autre, y dire le *Pater* et l'*Ave Maria,* néantmoins on n'y put pas remarquer que le sang dud. meurtri fluât, comme je l'asseure pour avoir esté présent et voyant aud. essay. Seulement la playe dud. corps estoit bien mouillée du sang premier sorti d'icelle. Vray que pour autre preuve dud. homicide, led. meurtrier s'enfuit vers l'Espapagne où il a confessé son délit.

BOHÉMIENS. — Ce que moy Béla (collecteur du contenu es présentes Tablettes) ay remarqué des venue et passage des Bohémiens ou Egypciens, en cette Europe occidentale. Mesmement est que St-Loïs roy de France, en son voyage de la terre sainte et des païs circonvoisins d'icelle terre l'an 1248, fit recreue de son armée d'aucuns soldats Egypciens lesquels en suite (gardans leur nom d'origine Egypciens), au retour dud. roy St Loïs vers son royaume de France, logearent par quartier d'yver ou autrement en Bohème ; et come ainsy soit que d'ordinaire les capitaines prennent des soldats pour rafraichir leurs compagnies et par les nouveaux venus d'iceux remplacer les manquements des morts et des absents, et qu'ainsy le revenant de lad. armée de St Loïs en France estoit composé en partie desd. soldats Egypciens et desd. Bohémiens ; et soit que la petite guerro ou la picorrée ou (à nomer les choses de leur nom convenable) la pillerie, le larrecin et le brigandage agréent à plusieurs gents de guerre signament, *unde le Nulla fides pietasque viris qui castra sequuntur,* soit que les chefs n'ayant soin de leurs soldats lorsqu'ils furent en cette France ainsy qu'il y en a qui abandonnent ceux qui les ont servis lorsqu'ils n'en ont plus besoin, *unde* le *Passato lo ponto, enganato lo santo,* soit que les Egypciens[1]

1. — Juigné, en son *Dictionnaire théologique* au mot Cilicie, col. 887 et au mot Cobales col. 826, et en mon Commentaire sur la Coustume de Soule, f° 638, n° 13.

estans des leurs premières habitudes des hardipreneurs et que
le vice estant gluant et de très facile communication entre ceux
qui se fréquentent, les Bohémiens se fussent infectés, par les
mauvais exemples de leurs camarades, à faire come eux, en faict
de larrecins ; et les uns et les autres s'estans ainsy rendus errans
et vagabonds, par leurs meschants desportements et de crainte
de la justice pour le chastiment de leurs crimes, prindrent aussy
des femmes ou garces impies d'où sont provenues des engeances
de mauvaise vie qui se sont qualifiés Egypciens et Bohémiens, et
les homes et femmes d'autre progéniture qui sy adjoignent, se
disent de ces généalogies, pour éviter les honte et reproche que
leurs parents, amis, voysins ou conoissans leur fairoient d'avoir
choisi la misère des vie et vices de ces misérables Egypciens et
Bohémiens ; estant certain que plusieurs d'autres nations s'affrai-
rent avec eux et se rangent de leur parti et condicion, et passent
sous lesdicts noms de Bohémiens ou Bohèmes et Egypciens
parmi nous en France, come en Espagne sous le nom de Gitanos,
et en Italie sous la qualificacion de Zingares ; et parlant de ces
vauriens garnements [1], aucuns disent que le dimanche, 17 d'aoust
1427, vindrent à Paris douze penanciers come ils disoient, c'est
à savoir un duc et un comte et dix homes les tous à cheval, lesquels se disoient tous tres bons chrestiens et qu'ils estoient de
la Basse Egypte ; et remonstroient qu'il ny avoit pas encore l ag-
temps que les chrestiens les avoient subjugués, ensemble tout
leur païs et les faicts tout chrestiener et mourir ceux qui ne
vouloient estre chrestiens, que les baptizés furent seigneurs du
païs, come ils l'estoient dès avant, eux promettans qu'ils seroient
bons et loyaux chrestiens et qu'ainsy ils garderoient la foy envers
Dieu par nostre seigneur Jésus Christ jusques à leur mort incluse ;
et disoient qu'ils avoient en leur païs roy et reyne ; que du depuis
les Sarrazins les ayant assaillis, ils se rendirent à leurs ennemis
et renonçans à Jesus Christ devindrent Sarrazins comme ils l'estoient du par avant ; et qu'encore l'empereur d'Allemagne, le roy
de Poulogne et d'autres seigneurs quand ils sceurent que la dite
gent estoit devenue sitost Sarrazine et idolatre leur coururent
sus, les vainquirent et leur dirent qu'ils ne tiendroient iamais
terre en leur païs si le Pape n.y consentoit ; et qu'à cet effect ils
allassent au saint Pere à Rome, et qu'y estans allés tous, petits

---

1. — Pasquier, en ses *Recherches de la France*, l. 4, ch. 17, et l'auc-
teur dont il y est faict mencion.

et grands, avec grand peine pour les enfans, ils y confessarent
en général leurs péchés, et quand le Pape eut oui leur confession, que par grande délibéracion de conseil il leur ordona en
pénitence d'aller es sept ans lors proche ensuyvans par le monde
sans coucher en lict ; et que pour par eux avoir quelque moyen
pour leur subsistance, tous évesque et abbé portant crosse leur
donât pour une fois dix livres tournz, et leur délivra les provisions opportunes vers les évesques et les abbés au dit cas requises, ensemble sa benediccion. Ainsy, ils partirent de Rome et
employarent cinq années, vagans par l'univers, avant de, en suitte,
arriver à Paris où ils se rendirent le dit jour en novembre. Desd.
douze persones et leurs gents y arrivarent, le jour de la décola-
tion de St-Jean ensuyvant, quelques uns que pourtant on ne
laissa pas entrer dans la dite ville de Paris; seulement par
l'ordre de la police de la dite cité ils furent logés en la chapelle
de St-Denis, eux estans en nombre de 120 persones, homes,
femmes et enfants (au lieu que lors qu'ils partirent de leur pays,
ils estoient en nombre de mille ou douze cents). Ains chemin
faisant, puis leur depart de leurs contrées, leurs roy, reyne et
autres compagnons moururent, et les survivants d'entre eux
disoient espérer d'avoir des comodités, mesme le Saint Père leur
ayant promis de leur bailler païs bon et fertile, pour y habiter
après que de bon cœur ils auroient achevé leur pénitence. Gents
qui avoient les oreilles percées et en chaque oreille un ou
deux anneaux d'argent pour signe de gentillesse en leur patrie ;
que les hommes estoient noirs ayant les cheveux crespés, que
leurs femmes estoient fort laides, noires et de visages déblayés
et les cheveux d'icelles aussy noirs et que pour robes elles
avoient des flossoyes très grosses, liées sur leurs espaules et
dessus un pauvre roquet, somme que c'estoient les plus pauvres
créatures que l'on vit jamais venir en France; aussy que les dites
femmes estoient des sorcières, qui regardoient es mains des
persones et leur disoient ce qui leur estoit advenu ou leur advien-
droit, et de la sorte faisoient vider les bourses de ceux qui leur
demandoient leur bone adventure ; chose estrange de ces misérables qui sans avoir retraite asseurée, vivent néantmoins
contants, eux ou les leurs, faisans une continuelle profession
de mendicité des femmes, de larrecin et d'oysiveté des tous,
homes, femmes et enfants. Et qu'au veu et sceu de nos magistrats ils rodent par la France sans avoir pas un adveu d'aucune
leur pénitence, eux faisans aler à l'infini, de succession en suc-

cession, le cours des dits premiers sept ans d'icelle qui leur furent ordonés, et qu'ores que par les estats du royaume tenus à Orléans et l'édit de sur ce[1], il fut pourveu à cet abus et enjoint à tous baillifs, séneschaulx et à chacun en son endroit de faire commandement à tous les imposteurs qui portent le nom de Bohémiens ou d'Egypciens, leurs femmes enfants et autres de leur suitte, de vuider de ce royaume de dans deux moys après, à peine des galères et de pugnicion corporelle. Pourtant on les tolère impunément. Aussy Ferdinand roy d'Espagne leur comandat il de vuider dans soixante jours de ses terres à grosses peines, et, par ce moyen en purgea l'Espagne pour un temps[2]. Ils vont aussy errans par l'Allemagne, au grand domage de plusieurs, estants, come ils sont, un ramas et une caterve de larrons, un égout d'hommes vicieux, oyseus et pleins de fraude, peuplés de nos voysins mêmes. Ils se logent en des granges ou sous des arbres, desrobants, volants, decevants, trocants, amusants même par des femmes qui usent de prétendue divination, de chiromancie et cherchent leur vie par telle fraude, racontant de pures fables, et vont avec leurs familles de temps en temps vagants de païs à autre. Et pour conter d'où ces imposteurs tirent leur origine, Albert Crantzins dit que l'an 1417, il apparut es rivages de la mer Germanique des hommes noirs de visage, hâlés et basanés, bisarres en leurs acoutrements, vilains en leurs vivres, prompts et actifs aux larrecins, qu'aucuns appellent Tartares et en Italie sont nomes Sianes. Quand ils marchent ils ont un capitaine qui est assez bien vestu et lequel ils honorent. Ils mènent avec eux des chiens de chasse, lesquels ils norrissent à la manière de la noblesse. Ils ne savent chasser que furtivement. Ils changent souvent de chevaux, d'asnes, etc. Pourtant la plus grande partie d'entr'eux va à pied. Ils vivent en chiens, sans religion. Ils s'entretuent souvent. Après quelques années passées, ils reviennent séparés en parties, les mêmes ne retournans guière à leur précédent lieu, qu'après un très long traict de temps. Ils reçoivent volontiers à leur compagnie, de touts lieux, les personnes qui veulent estre de leur bande. Bourbier d'hommes, de femmes et d'enfants, digne d'admiration, en ce qu'ils savent et entendent plusieurs langues. Chose domageable aux rustiques

---

1. — Publié le 3 de sept. 1561, en l'art. 103.
2. — Majole, en ses *Jours caniculaires*, 1. 2 au t. III, et voir Theveneau sur les Ordon., p. 559.

auxquels ils desrobent tout ce qu'ils peuvent. Aventinus descrivant leur origine, le prenant des Boies, dict que l'an de nôtre Seigneur Jésus-Christ 1339, ce genre d'hommes, cloaque de plusieurs nations qui habitoient es confins de l'empire du Turc et d'Hongrie, qu'on apelloit zigenes, commençoient d'aler par les provinces d'alentour avec le roy Zindelous, cherchans leur vie impunément, par le moyen des larrecins, des rapines et des devinacions. Ils disent en mentant qu'ils sont d'Egypte et que pour les péchés de leurs prédécesseurs qui ne voulurent autrefois recevoir en leur logis la vierge Marie avec nôtre rédempteur, ils sont contraints d'expier ĉe forfait par sept années d'exil. Qu'ils soient des traitres et des espions, plusieurs le témoignent. Aussy les apellet-on zingares, et d'autres[1] les noment Maures, errans et vagabonds, dicts communément Cinganes, autrement Uzies, ou Egypciens de l'Egypte ; *Zengitana vocatur ea Africa, quæ dicitur propria; ex hac parte putatur emigrasse illud genus vagabundum hominum, nomadium more, nostram Europam regionatim oberrans, quod Itali Zingani et Zingari, Germani superiores Liegeiner, inferiores Egyptenaren et Heylieden (quasi Egyptios et gentiles dicas) apeliant. Galli, hos Baumiens aut Bohémiens vocant. Pius secundus scribit eos esse ex Zogothia regione : Philipus Bergomas ex Chaldea, Rhodiginus eos maurusios putat et a saracenis expulsos. Bellonius ex Bulgaria Vualachiaque originem habere ait. Andr. Thevetus dicit ipsos ab Arabibus et Mauris Rasolheramy, id est latrones nuncupari. Joan Leo ait hos Zinganos, in Agades et Nubiæ regni confiniis in Africa degere. Hanc gentem circa annum 1417 nostris primum Europœis innotuisse. Genus hominum est in summa egestate sub dio vitam ducens, gens sordida et adusta : Christianos se esse profitentur, sed furto (et præcipue mulieres) divinationibus (nam omnes Chiromanticæ videri volunt) quà potissimum mulierculis et pueris imponunt, victum quærunt. Præfectum habent ex eorum sentina creatum, cui obediunt. Propria et peculiari lingua, quam nemo alter intelligit, utuntur inter se.*

CAGOTS. — Les Cagots (autrement dicts Gésitairs, Gahets, Gots, Capots) sont une enjance de persones, qui sont, come en honeur à plusieurs, et en dépris à d'autres, de tant plus qu'on

---

1. — V. Duret, en son *Thrésor de l'origine des langues*, 2ᵉ éd., pp. 312, 313 et 595. Et voir Juigné, en son *Diccionn. théolog.* au mot Bohême.

les tient pour semiladres ; qu'est à dire que leur lèpre est intérieure, et leur sang corrompu[1]. Sur les preuves de leur telle
interne corrupcion les parlements de Toulouse et de Bourdeaux
et le conseil de jadis juge Souverain de Béar, séant à Pau, la
chancelerie Soudeinine, aussy cy devant séante pour la Basse
Navarre à St-Palais, et, encore, après, le parlement de Navarre,
establi à Pau, et d'autres cours de Justice, quand l'occasion s'en
offre, ont doné et donent des jugemens ordinaires et souverains
qui ternissent les Cagots. Témoin l'arrest du parlement de
Bourdeaux doné[2] entre le Sindic de Labourt et ses consorts
demandeurs, d'une part, et Janete de la Garrete et consorts
deffendeurs d'autre, par lequel fut ordonné entr'autres choses,
qu'ensuyvant les précédens Arrests, les Cagots ou Gahets, rési-
dans au bayliage de Labourt et es lieux circonvoysins, prendront
sur leurs acoustremens et poitrines un signal rouge en forme de
pied de Guit *(id est* canard) pour estre séparés du résidu du
peuple, leur inibant de toucher des vivres qui se vendent au
marché, à peine de fouet, sauf ceux que les vendeurs leur auront
délivrés, et d'estre banis dud. Bayliage. Et deffenses auxd. cagots
de toucher es esglises l'eau bénite là où les autres habitans la
prenent. Et par autre arrest dud. Bourdeaux doné[3] à la requeste
de M⁰ A. d'Irigoin, Sindic du tiers estat en Soule, il fut dict qu'en
conséquence dud. autre arrest il est enjoint aux Cagots et
Gahets de Soule de porter sur leurs acoustremens et poitrine
lad. marque rouge en forme de pied de Guit ou Canard, pour
estre separés du reste du peuple ; leur faisant inibicions et
deffenses à chascun d'eux, de désormais toucher aucuns vivres
qui doivent estre débités es marchés, sauf ceux qui leur seront
vendus et délivrés par ceux qui voudront les vendre, à peine du
foüet et d'estre bannis du dict païs de Soule ; et à mêmes peines
d'aler à l'offrande de la messe avec les autres habitans du dit
païs, et de toucher l'eau bénite au lieu où les dicts autres
habitans du dit païs ont acoustumé de la prendre, ni se
mesler parmy le peuple ni de prendre autres places es églises
parroissiales ni autres que celles de leurs prédecesseurs et
ancestres du dict ordre de cagots et lesqueles dès leur temps,

1. — V. Des Rues, en sa *Descripcion de la France*, p. 354, et au For
de Béar, tit. 55, art. 4 et 5.

2. — Le 7 de Sept. 1596.

3. — Du 3 Juil. 1604, au rapport de M. de Massiot, cons. en la cour,
présid. M. de la Lane.

ils avoient prinses, leur ayant esté indiquées pour leurs dévocions ecclésiastiques et ont acoustumé de tenir ; et permis d'informer contre les contrevenans. Il y a aussy un reiglement doné[1] par les trois Estats du dict païs de Soule, en Assemblée générale de la cour d'ordre, à requeste de Mᵉ Bernad d'Etchart Sindic du dict tiers Estat, portant qu'aussy il est défendu aux Cagots, à peine du foüet, de se mesler d'estre meuniers, ni toucher à la farine des autres du comun peuple, de s'introduyre es danses publiques, etc. Si est probable que ces gens ont prins leur origine de leur grand ayeul Guehasi ou Giézi, jadis serviteur du profète Elizée ; ainsy qu'entr'autres choses leur dit nom Gésitain le done à conoitre ; Et Guehasi ou Jiesi, leur progéniteur qui (pour avoir fait un acte d'avarice, demandant et prenant, à cachètes de son maistre, un talent d'argeant, etc., de Naaman, qu'Elizée venoit de guérir de sa lèpre, sans avoir voulu en retirer salaire)[2] eut pour punicion que la lèpre de Naaman s'atachât à Giezi et à sa postérité à jamais. Ainsy qu'il advint. Et entant que, vraysemblablement led. Giezi estoit Juif, n'y ayant nulle apparence du contraire, qu'Elizée (homme Saint et profète de l'Eternel) eut voulu avoir pour serviteur aucun d'autre nacion, selon le dire de la Samaritaine[3], que les Juifs (desquels estoit Elizée) n'avoient nulle comunicacion mesme avec les Samaritains, et à moindre raison avec aucun des payens ou gentils. En Italie on les conte pour Juifs, pour la dite raison que Giezi estoit Juif, et ainsy on leur a marqué leur puantise naturelle, et qu'ils sont ordinairement descolorés[4]. Et, outre que des dits arrests a esté ordoné[5] du paravant : qu'il les faut marquer, qu'ils ne sont croyables à tesmoins contre les autres chrestiens, qu'ils appellent peillürcs (par corrupcion des lettres), pour dire pelüts[6] ; (en tant que leurs vainqueurs portoient la chevelure longue)[7], et qu'ils soient rejetés de tous actes légitimes, qu'il ne leur soit loysible de se marier avec les autres Chrestiens[8], et pareille-

---

1. — Le 29 de Juin 1608.
2. — Au 2ᵉ liv. des Rois d'Israel, ch. 5, V. 27 et plutôt.
3. — En Saint-Jean, ch. 4, V. 9 et à la fin, et es Actes des Ap., ch. 10, V. 5, 28, et ch. 11, V. 2 et 3.
4. — Majole, au 3 t. de ses *Jours caniculaires*, l. 1, pp. 17, 32.
5. — Cap. *In nonnulis*, ex. *de Judæis*, et Majole, *ubi supra*, p. 126 et 138, et Duret, en son *Thrésor de l'hystoire*, p. 301.
6. — Oybénart, *in sua Notitia utriusque Vasconiæ*, p. 415.
7. — Majole, t. III, l. 1.
8. — L. *Ne quis*, Cod. *de Judæis*, et Majole, *ubi supra*.

ment qu'ils ne soient admis à aucuns honeurs, ni charges publiques ; leur est et défendu de se mesler avec les autres gens par familière conversacion [1] (ains doivent habiter séparés des autres persones), et de se mettre avant les autres homes et femmes à l'Eglise, es processions, ni ailleurs, en fait de prérogatives d'honeur, à peines. Item de porter des armes autres que celes qui leur font besoin pour leurs mestiers, à peines [2]. Come ces gens, par dérision, sont appellés en plusieurs lieux (outre que Gésitains) Gahets, Capots, Cagots ; par moquerie les Turcs les appellent Schibout (sans doute pour ce qu'au lieu du Ci, ils prononcent ordinairement Chi) [3]. Il leur est défendu de se baigner avec les autres persones, et pour ce, au lieu de Cauterés en Bigorre, ils ont leur bain à part appelé le bain des Cagots. Ils sont appelés Cagots (mot composé de Cä, ou Can, *id est* chien, et Gots ; et ainsy Gots, pour raison de ce qu'ils parurent en France, Italie et Espagne, venant de la Gothie [4] ; et ainsy cä ou chiens, pour ce qu'ils sont cruels, où ils ont de l'avantage, come des chiens sur leur proye. Et lors de leur générale deffaicte, à cause de leur dite cruauté les mettant en l'interdict des chefs sus mencionés, on leur assigna pour mestier la charpente, afin qu'ils s'assouvissent en leur cruauté, hachants à leur saoul le bois. Ainsy voyes vous qu'ils sont quasi tous charpentiers et Boquillons [5]. (Mestier qui a toujours esté tenu pour vil et de la plus abjecte condicion et maudit.) Les Basques, les nomons Auchoü (probablement de ce que les Gots nomoient leurs chefs pour leurs victoires, Ausen) [6].

L'empereur romain Claudius en deffit trois cens vins mille [7]. Et l'an 506, le Roy Alaric et les Vuisigots (qui estoient les Gots venus vers l'Occident, ainsy que les Ostrogots estoient les Gots alés vers l'Orient) furent deffaits devant Poitiers, en un champ

1. — Le For de Béar, au t. 55, art. 5.
2. — Le For de Béar, au t. 55.
3. — Majole, *ubi supra*.
4. — Avec Alaric, Attila, etc., leurs roix, qui brulèrent Rome et ailleurs firent des ravages irréparables. V. *in Hist. giogr. Car. Stephani*, et Juigné, en son *Dicc. théol.* au mot Goth.
5. — Tesm. M. de St-Yon en son *Recueil des Eaux et forests*, l. 3, tit. 18.
6. — Du Tillet, en son *Recueil des Roix*, part. 1, p. 5. — * *Freien ausen* hommes libres, d'où par synérèse *Fransen*, les Francs, nos ancêtres de Germanie, d'après Du Tillet.
7. — Trebel. Pol., *De di. Claud.*, p. 473.

appelé Vogledin, par Clovis, en nombre très grand [1]. Et despuis leurs dites deffaites, ils n'ont faict corps notable à part des autres nacions. Et bien qu'il s'er. rencontre quelcun de riche, en Basques, Béar et Gascogne, où il y en a, néantmoins la plus part sont pauvres, quoy que rapaces, avares et qui veulent estre payés par avance. Ceux qui ont conversé avec des filles ou femmes de la dite enjance, disent qu'ils ont trouvé la partie intérieure du fond de leur ventre extrèmement chaude. Et n'est de trouver estrange qu'ores que Guéhasi et sa première postérité fussent en Asie, ils soient dits, y dessus, provenir de la Gothie, qui est en Europe ; puis que par les transmigracions de plusieurs familles d'entre les Juifs [2], il furent transportés vers les parties septentrionales de l'Europe (où la Gothie est). Pour l'Espagne, peu de gens considèrent la différance de ces gens d'avec les autres ; ains pour ce que les Gots y avoient faict des proüesses, au temps jadis, et que plusieurs des Espagnols sont de la race d'iceux, ils s'en glorifient, plustost qu'ils ne s'en déprisent ; et disent que leurs Roix en sont ; sinon qu'ils facent de vice vertu ; oui vice, car on en voit infinité d'escroüéleux et autrement entachés en leur sang. Aussy de leurs Roix, Philippe second, mourut de corrupcion de sang, fourmillant de vermine. Et Philippe troisièsme, aussy de corrupcion de sang, qu'ils appeloient hérésipele, etc. de plusieurs autres [3]. Et pour témoigner qu'en effect les Espagnols estiment la généracion des Basques plus que la leur, c'est que lorsqu'ils peuvent avoir de nos gens pour s'y marier, il en font estat, et mesme ils leur aportent des atestacions de hidalguie, d'eux et de leurs pères, et qu'ils son de *sangre limpia,* qu'ils appellent sans doubte pour fuir la comunicacion des dits Cagots. Et sur ce que plusieurs disent qu'ils n'y trouvent nulle différence, ni au sang, ni en la couleur extérieure, ni en d'autres choses remarcables, d'avec les autres gens, et que la palleur d'aucuns, l'eschauffaison de leur sang et leur santeur, vienent de ce qu'ils s'ocupent à la dite charpente, au hale du soleil, et avec excès, mauvaise norriture, mal couchés et mal entretenus ; donc que c'est une erreur de leur attribuer leur progéniture estre de Guéhasi et que leur sang soit naturellement corrompu :

1. — Du Tillet, *ub. s.,* part. 3, p. 6 ; Juigné, *ub. s.* au mot Alaric et le *Livret des aff. d'aujourd'hui, des maisons de France et d'Autriche.*

2. — Dont est parlé au 2 liv. des Roix d'Israel, ch. 17, et ch. 18, au 4 liv. d'Esdras ch. 13, et par Duret, *ub. s.,* pp. 290 à 317.

3. — Don Martin Carillo, en ses *Annales* en espagnol, f° 242 et s.

Je respons que, présupposé que la parole de Dieu est efficace, invariable et qui dure éternellement, ce qu'Elisée prédict à Guehasi[1] que la lèpre de Naaman s'atacheroit à Guehasi et à sa postérité à jamais, et qu'ainsy Guehasi sortit de devant Elisée descoloré, donc à voir qu'Elisée parloit à une persone pour soy et sa postérité (qui seroit de durée jusqu'à la fin du monde) ; car le mot à jamais (traduit par le latin en ce passage cy, *in Sempiternum, tanquam gens Semper Æterna, perpetua et semper durans)*[2] ne fut pas prononcé par le profète legérement, ni en vain, ni pour peu de temps ; et pour ce, et estant ainsy probable que ceste enjance doit durer autant que les autres homes, il faut qu'elle soit quelque part du monde. Et ne se lisant qu'elle soit ailleurs, come si, qu'elle consiste es dits Gésitains et Cagots. Ce n'est pas une erreur de croire la chose telle qu'elle nous a esté énoncée, et par nos ancestres, traditivement de père en fils, et telle que nos sens et l'expérience nous donent à conoitre. Oui nos sens, car la veüe nous les represente descolorés, voire et quand ils ne seroient charpentiers, come il y en a de laboureurs, de cordoniers, de marchands, etc., qui out le dit vice de couleur, aussy bien que les charpentiers. Oui nos sens, car l'odorat nous done à apercevoir leur mauvaise odeur. Oui l'expérience, car nous les apércevons avares, brouillons, menteurs, rapaces, etc., des vices de leur grand ayeul Guehasi. Oui l'expérience, car les parlements ayant fait visiter leur sang à des doctes medécins, ceux la leur certiflarent lad. corrupcion du sang de la dite gent, et sur ce les parlements prononcarent les dits arrests ; et *inde* s'en sont ensuyvis les dits autres reiglements politiques d'encontre iceux ; par lesquels préjugés il faut passer, *vera ratus quæ fiunt autore senatu.*

Du bien ou du mal, de ces gens, je ne saurois en dire plus que Don Martin Bizcay[3] ; lequel pourtant a grandement erré en ce qu'il a dict, pour lever d'iceux la tache de la dicte malédiccion d'Elysée, come je l'ay remarqué en l'exemplaire que j'ay du dit livre, au marge de chasque passage que j'ay advisé mériter correccion. Et, pauvre home qu'il estoit en ce point, il eut grand

1. — Au 2 liv. des Roix et sur le cas de la lèpre V. Théveneau, sur les ordonnances, p. 248.

2. — Le Calepin sur le mot *sempiternus*.

3. — En son livre intitulé : *Drecho de naturaz*, imp. en Çaragoça, an. 1622, en son Traité : *Origen ae los agotes*, pp. 147-170.

tord de parler (en melinge ¹ de ceste enjance maudite) des Albigeois et autres de leur profession de foy, qui ne furent jamais
maudits de Dieu ni d'aucun profète, ni d'aucun passage de la
Sᵗᵉ Escriture, ores que le monde de leur temps et de leur fréquentacion les eut massacrés et malmenés, pour ce qu'ils n'estoient pas des siens. Et d'autant qu'il estoit doné à l'Antechrist
(auquel ils résistoient) de les vaincre. (Ainsy qu'il a vaincu du
depuis à plusieurs autres de bon sang et fidèles envers nostre
Sauveur.) Aussi le dict Bizcay erre-t-il en ce qu'il dict en son d.
traité que les Abbés lais et gentilshomes de Basques, Béar, et
Navarre jouissent des dixmes en récompense de la deffaite des
Gots. Soit pour ce que le commencement de l'otroy des dixmes
à la Noblesse etoit du temps de la Croisade de Philippe I, Roy de
France ²; et que la continuacion du dict don, faicte sous Charles
Martel pour la deffaite en la plaine de Tours des ennemis de
l'Eglise Chrestiene, fut contre les Mores et Sarrazins principalement. Si que les Gots ne constituoient que petit nombre
dans le parti des vaincus. Et doné que des reliques d'icelle
deffaite à Tours soient les Cagots de nos voysinages, et qu'ils
sont dicts Chrestiens; ainsy que par manière de sobriquet on
les en nome en Gascogne, en Béar et en Basques, c'est à cause
qu'en suite de leur dite desroute, ils se chrestianarent et leur
postérité les imite en ceste profession de foy. Première conversion qui supedita la dite calificacion de chrestiens aux dits chris-
tianisés et faicts orthodoxes. Car lorsque les Gots vindrent en
Italie, etc., de ceste partie occidentale de l'Europe, ils estoient
Arriens et la nominacion de Chrestiens a esté continuée en leur
génération, mais point que tel accidant ait levé lad. malédiccion
d'Elisée, ni corrigé guière en eux les mauvaises umeurs, ni
mœurs de Guéhasi leur grand ayeul, ancestre et estoc dont ils
sont praticans lorsque le moyen leur vient en main; leur simu-
lacion de courtoisie, se tournant au contraire quand l'occasion
de leur contentement propre se leur présente, et qu'autre a
besoin d'eux, même quand il seroit de leur enjance.

---

1. — * *Sic*, pour mélange, je pense. Le Midi avait alors une ortho-
graphe de terroir. Celle de Béla est fortement marquée à ce coin et
même est très variable pour les mêmes mots, comme on peut le remarquer.

2. — V. es Comment. de moy Béla sur la Coustume de Soule es pp. 1
et 2 du f. 316.

CANTABRES. — Les Cantabres ou Cantabriens (des auteurs qui ont escrit en la langue latine)[1] estoient et sont ceux qu'en France on appelle Basques (sous lequel mot sont comprins en ces siècles, les Souletains, les Bas et Hauts Navarrois, les Labourtains, les Guiposcovans, les Biscayns ; en chascune desquelles provinces le langage Basque est la langue matrice et originaire) ; et laquelle a espandu ses terminaison, genres et plusieurs autres parties vers les Terres Neuves et le Canada (probablement pour des Basques s'y estre habitués et logés). Ainsy que les Escossois ont aussy prins leur comencement des Cantabres[2]. Si est à remarquer que lors de la première peuplacion de l'Espagne, ce furent les Cantabres ou Basques qui s'y lojarent et establirent avant aucune autre nacion[3] ; ainsy que le mot mesme Espagne le done à conoitre (eü égard qu'en l'idiôme Basque, Espagna veut dire bord ou extrémité (en tant que l'Espagne est le bord et l'extrémité de l'Europe tirant vers l'Afrique et l'Amérique). Etc., de plusieurs noms des contrées, viles, bourgs, vilages, rivières, maisons et autres choses qui sont en Espagne et qui sont baptisées en langage Basque). De faict on alternise le mot Espagnol avec celui de Biscayn ou Basque (qui est un des langages de la confusion de Babel). Ayant pleu à Dieu de garder en Espagne ceste marque des premiers habitans d'icelle ; sans que celles des autres nacions qui y habitent de présant, et ès environs du païs de Basques l'ayent peüe anéantir ni corrompre, quoy qu'ils ayent vescu et trafiqué, vivent et trafiquent avec des estrangers de leur nacion (qui est chose fort considérable). Et nacion Basque qui est, dès le comencement du Christianisme, bone Chrestiene, et pour ce les Chrestiens persécutés ès autres contrées de l'Espagne, se retirarent autres fois ès Asturies et Biscaye ou les Estrangers avoient réfugié les Basques à force de Guerres.

Gent Basque, apte aux lettres, tesmoin que Quintilian, Hilaire et Sénèque, Suétone et Pline en estoient. Voire et les deux Sénèques, Silvius, Marcial, Lucain, Méla, P. Catto, Columelle, Etc. ;

1. — Oyenartius, in sua *Noticia utriusque Vasconiæ*. Et de partie desquels Pline 2 en son *Histoire naturelle*, l. 4, ch. 19 et 20.

2. — Come le remarquent d'entre les auteurs latins Orose, Claudian et Ammian. Tesmoing, Duret, en son *Thrésor de l'hist.*, p. 872, et Juigné, en son Diccion. au mot Escossois.

3. — Oyénart, pp. 37 et 44 ; Duret, pp. 550 et 815, et Mart. Carillo en ses **Annales**, f. 8 et 9.

sous le nom d'Espanols. Et en ces derniers temps, le docteur Navarre [1], Huart, Verin, Harra, les Pères Jésuistes Loyola et Xavier Garibaï, Etc., les sieurs d'Esponde (l'un lieutenant général de la Rochelle, et l'autre Evesque de Pamiers), Etc., et plusieurs autres. Et nacion Basque qui pour sa valeur en l'exercice militaire s'est faite remarquer : *Inde, Cantabri omnium olim Hispanorum efferatissimi, nullam sine armis vitam esse existimantes, hinc Cantaber ante omnes, hyemisque, æstusve, famisque invictus. Nec vitam sine Marte pati quippe omnis in armis lucis causa sita est, damnatum vivere paci. Et Cantabrum indomitum juga ferre invito.* Aucuns disent qu'ils furent només Cantabres *ex eo quod memoriæ proditum est, Cantabros solitos canere Pœana lætitiæ suffixos cruci ab hostibus.* Et moy Béla, osant croire que come des chrestiens martirs chantoient des pseaumes à la loüange de Dieu dans les suplices à eux injustement infligés, pour doner à conoître leur magnanimité et le mépris qu'ils fesoient de leur vie temporèle ; je tiens que le mot Cantaber fut doné aux Basques pour ce qu'ils sont joviaux et chanteurs, de leur nature, peut estre tenans de leur ancien parent Javal, père des joueurs de violons et d'orgues, et des pasteurs, au premier monde, duquel ces chanteurs promanoient de par Tubal, fils de Noë, establi en Espagne. Ainsy que ce que on les a dicts Basques vient du mot Bazca, pasture, mot du langage Basque, prins dud. Bazca, come Bazquerri dénote païs de pasturages, que sont les contrées des nacions Basques. Gent desquels la plus part *rei pecuariæ maxime student,* surtout en Soule, en Ostabares, en Cize, en Baygorri, Baztan, Etc. Nom de Basques pourtant qu'on a doné à ceste nacion n'estant qu'occasionel : car celuy qui luy est propre c'est celui de Uscäldun (quasi Usacaradun id est Aptené) condicion de laquelle est le dict Basque qui dès sa naissance est idoine à ce a quoy on voudra l'employer ; c'est l'home en sa premiere condicion, *Est tabula rasa in qua nihil pictum, omnia tamen pingi possunt.* Les Espagnols modernes en puisent leur noblesse.

On dict, puis quelque temps, que la Cantabrie est la Navarre ; Et moy Béla je tiens que c'est le territoire ou naissent les nacionaires Basques. Et qu'ainsy la ville de Mauléon en Soule est la Cantabrie des Anciens, de là que, jusqu'aux enfans en saye, tous y sont chanteurs.

---

1. — Duquel fait éloge Carillo, p. 418.

CÈNE. — La célébration de la Cène de Nostre Seigneur J. C.
en la manière que tout fidèle doit s'y présenter et doit y communier est la perception du plus grand bénéfice qui soit jamais
arrivé aux hommes au monde et l'action la plus saincte... par
quoy il faut s'y présenter et y communier avec dévotion et respect de la sainteté du mystère et avec ordre, c'est à dire sans
émulacion ni contention d'entre les communians, ains eux se
prévenans l'un l'autre par honeur et s'entremontrans affeccion
et desbonaireté, sans variété ambitieuse et se donans à conottre
tels à tous. Et si advient autrement il en recussira du malheur.
Tesmoin que pour tels désordres advenus en l'église de Corinthe
y survindrent divers maux [1]. Jésus Christ nostre sauveur aussy
menace pour tel respect l'église d'Ephèse d'aler vers elle bien
tost et d'en oster le chandelier de son lieu [2]. Menace dont je,
Béla, compilateur de ces Tablettes, ay veu en mes jours l'effect
estre arrivé, entr'autres des églises réformées de ma conoissance,
en Béar, en celles de Pau, d'Orthès et de Navarrenx et icy en
Soule en ceste ville de Mauléon, au chasteau où nos exercices
de religion se faisoient ; en chascune desquelles églises y ayant
eu des envies de certaines damoyselles sur la préférance d'aler à
la communion de la Saincte Cene, Dieu a permis que les temples
et lieux de dévocions publiques leurs ayent esté osté [3]. Dieu ne
voulant souffrir que sa vérité ni les circonstances d'icelle soient
profanées...

CHANGEMENT. — Les visconté et domaine du Roy du présent
pays de Soule ayans esté vendus à Arnaud du Peyré, d'Oloron
en Béar, Capitaine des Mousquetaires à cheval du roy et mareschal de camp es armées de Sa Majesté, titulaire de la maison
noble d'Eliçabe ou Cazemayor du village de Troisvilles et acqué-
reur de la maison d'Eliciry du dict lieu (dict pour ce le sieur de
Troisvilles), en mai 1642, les trois Estats du dit pays de Soule
s'opposarent à l'exécution de lad. vente [4] et députarent vers sa
Majesté et nos seigneurs de son Conseil pour l'empescher et se
conserver en l'immédiate seigneurie du roy, opposition juste et
dissentiment exempt de félonie. Et bien que la faveur de la partie

1. — En la 1re aux Corinthiens, ch. 2, et Rom., ch. 12.
2. — Au ch. 2 de l'Apocalypse.
3. — Mestrezat, en ses *Sermons*, sur l'Ép. aux Hébreux ; Du Moulin,
en sa *Confes.* du roy d'Angleterre, p. 463.
4. — Tesmoins plusieurs actes sur ce retenus Berterrèche, Arrhets et
de Bonnecay, notaires royaux.

l'eut emporté pour l'utile, aucuns des principaux juges de la cause voulant ainsi faire planche à certaines leurs ambicions ; pourtant nous les officiers royaux y ayans relucté, par autre arrest nos judicatures furent déclarées royales en chef et ainsi nous avons esté conservés en l'immédiate suggection du roy.

CHEVAL. — Bellérophon fut le premier qui apprit a se bien servir du cheval[1]. Aucuns disent au contraire que ce fut Cain et d'autres que ce fut Neptune... Les Romains ne permettoient point qu'on entrât dans leur camp à cheval. J'ay aussi veu que chés le roy au Louvre, à Paris, et autres logemens de Sa Magesté, il n'estoit permis d'entrer en la basse-cour à cheval, qu'aux princes du sang royal...

L'empereur Trajan avoit un cheval lequel ployoit ses genoux et baissoit sa teste quand il vouloit monter dessus. Le seigneur duc de la Force, marechal de France en avoit un pareil es années 1635.

... A bien considérer un bon et beau cheval, vous diriés qu'il est né proprement pour la guerre. Il se rend adextre, remuant et fougueux, il se resjouit et s'encourage au son des tambours et des trompettes, flaire les escarmouches de loin, connoit le ton des alarmes, gratte la terre d'impatience, ouvre les narines d'ardeur et court au devant des escadrons armés sans appréhender ni la lueur des glaives ni l'esclat des canonades. De manière que cet animal est pris par plusieurs méritoirement pour symbole de la guerre[2]... Le cheval est une créature militaire, se jette en la bataille, est faict pour elle, attendu qu'il a la force et l'agilité... Ceux qui ont escrit les louanges de ce gentil animal racontent tant de choses de sa docilité, de sa facilité, de son obéissance et de l'intellect quasi raisonnable qu'il a en la connoissance de la volonté et du commandement de son maistre et du sentiment qu'il a bien souvent du péril où son maistre est réduit, qu'il semble que la nature l'ait produit ainsy accompli et bien conditionné pour estre compagnon de l'homme et lui rendre de bons services et grandes utilités.

CONCERNE. — Nous sommes tous parciaux en ce qui nous concerne et enclins à seulement regarder nostre droict prétendu

1. — Meillet, en ses *Discours politiques*, p. 722 ; Juigné, en son *Diccion. théolog.* au mot Centaure.
2. — Hal, en ses *Sermons*, de la devise de Dieu, p. 37.

ut c'est pourquoy on dit que la loyauté des hommes est si débile qu'elle est aisément assaillie et débellée par l'interest[1]. Ainsy deux des principaux seigneurs du royaume de Naples exilés et retirés en France auprès de Charles 8 pressèrent ce roy avec toutes les instances possibles d'entendre aux sollicitations de Loïs Sforce pour entreprendre la guerre contre Ferdinand roy de Naples, afin d'avoir par ce moyen restauracion de leur honeur et restitution de leurs biens. Il en advint autant en ce païs de Soüle, d'où le sieur de Béla mon père, un des potestats dud. païs et bailly de Mauléon estant chassé en haine de la religion qu'il professoit, au moyen de la publication de l'édict d'Henry III faict en Janvier 1585, portant que ceux de la Religion allassent à la messe ou sortissent du royaume de France, mon père s'estant retiré à Jasses en Béar, il se fit donner des forces suffisantes pour maistriser ce païs-cy, à Henri IV, alors seulement roy de Navarre, come gouverneur et lieutenant général (en qualité de premier prince du sang royal) que sa Majesté estoit en Guyenne, en la grand séneschaussée de laquelle province est ce païs icy ; et ainsy le 2 de febvrier 1587 en compagnie du sieur de Belzunce, gouverneur et capitaine chastelain nomé par Henry 4, prendre le chasteau de Mauléon qui lors estoict, et les deux et d'autres se restablirent ainsy en leurs honeurs et biens à la ruine de ceux qui contre son advis avoient faict publier au marché de Mauléon le dict édict de proscription.

CONJURATION. — Ayant descouvert une conjuracion il est parfois bon de dissimuler qu'on en sache rien... Ainsy le pratiqua en Béar le Roy Loïs 13 l'an 1620, y estant venu en persone avec une armée pour exécuter son édict de la mainlevée des biens et rentes du clergé, contre le gré de ceux de la Religion et sans punir aucun de ceux qui auparavant avoient relucté à ses volontés, ains disant de sa bouche, dans Navarrenx par la fenestre, à la rue, au peuple de ne rien craindre (je le vis et l'entendis usant luy de ses propres termes, *N'ajat po, N'ajat po,* pour dire : Ne craignés, ne craignés) ; s'en retira laissant les persones en tranquillité de corps. Et quelque temps après y ayant des émotions au dict Béar pour le dict suget de la dicte main levée, Sa Majesté y ayant envoyé le duc d'Espernon, gouverneur en Guyenne, avec aussy une armée, le dict seigneur duc y calma par douceur tous les esprits altérés, fit entretenir

1. — Marnix, en ses *Résolucions,* p. 1086.

la volonté du roy et s'en retourna sans qu'il y eût eu en tout le païs punition de persone autre que d'un bohémien qui fut pendu à Pau, pour quelques larrecirs qu'il avoit commis. Ainsy encore ce bon roy le praticat-il en envoyant, l'an 1634, une abolition générale à la noblesse et autres de Languedoc, qui s'estoient joints à la rébellion du seigneur de Montmorency leur gouverneur, s'estant sa justice contentée de la teste du dict seigneur laissée en la maison de ville de Toulouse.

CŒUR. — La où il y a un cœur pervers, il y aura aussi un œil malin, et la où l'un et l'autre sont, y aura aussi une main meschante... Les sorciers offensent de leur regard[1]. Spranger remarque que les petits enfants en sont plutost endomagés que les grandes persones... Ainsy dict-on des persones probablement perverses, qui avec la malignité de leurs yeux auroient pouvoir de nuire aux petits enfants et pour les asseurer de ce charme on pendoit au col de celuy qu'on craignoit estre maltraitté un petit pourtraict du membre viril faict de cire, de bois, d'os, etc[2]... En Basques, pour servir de contre charme ou autre préservatif à ce danger, on met ou une petite boulete de cire bénite colée aux cheveux de l'enfant, ou on pend au col d'iceluy ou d'un asnon ou d'autre animal qui pérille, un peu d'argent vif mis dans le tuyau d'une plume bouché de cire et couvert d'une petite pièce de drap d'écarlate ; et pour remédier au dit mal ja receu on prend (insciemment) du sorcier, si on le peut, ou autrement bon gré malgré luy, de l'eau où il aura mouillé ses mains ou l'une d'icelles (quand ce seroit de celle du benoitier de l'église) et on fait boire cela au patient...

COURONE. — Le mot courone estoit prins en l'Escriture pour gloire, honeur, dignité, joye[3]. Si estoient les premières courones d'espis de froment, ou d'orge, en marque du labeur et du fruict des champs. Et ce que les prestres portent courone (qu'ils appellent la coupeure du poil sur le derrière de la teste) dite courone cléricale est par mistere, sa figure ronde signifiant la perfeccion. Et ceste courone représente (disent-ils) la couronne d'espines de Jésus Christ... Et ceste figure est fort propre à représenter la pureté de la vie des ecclésiastiques..., ou la courone des

1. — Boquet, en son *Discours des sorciers*, ch. 28.
2. — Fabrice Campana, en sa *Vie civile*, f. 303.
3. — Primerose, au t. 2 du *Vœu de Jacob*, p. 844 ; l'*Orthodoxogra. biblic.*, p. 49.

prestres sert à montrer qu'ils sont roix : en tant qu'il est escrit : vous estes la sacrificateure royale [1]... ou en témoignage de la virginité que les prestres vouent [2] ; car aussy en ce païs de Basques, le tondement des jeunes filles du populaire, de leurs courones, est aussi en signe de virginité d'icelles filles ; si non à l'exemple des vierges vestales, lesqueles estoient tondues dès leur entrée en religion, ou come les femmes dont parle Sozomene disant qu'elles se tondoient sous prétexte de piété.

DANSE. — Ne voise au bal qui n'aymera la danse.

Des grands, David et Scipion ont dansé, *hinc proverbium : Sic terram pulses ut Scipio.*

Les danses d'aujourd'huy sont dangereuses, le but de la pluspart des danseurs estant de dresser des embuches à la pudicité [3]. Aussy le nom de danse promane-t-il de celuy de gourmandise pour dénoter que la danse est venue de l'excès au manger et au boire : *unde,* de la panse vient la danse. Aussy la danse est elle promanée des payens entre lesquels elle faisoit une partie du culte de leurs faux dieux, et pour ce les anciens apeloient leurs prestres Saliens, c'est à dire sauteurs, pour ce qu'une partie de leur charge consistoit à sauter et danser devant ces divinités controuvées, mal qui n'est encore extirpé, mesmes en Basques, en plusieurs prebstres de ce temps, lesquels sont grands danseurs et mènent publiquement les danses es rues etc. es jours de dimanches, messes nouvelles, festes paroissiales es passe-temps et es joyes publiques... Dieu ne délaissera point impunis ceux qui par manière de dire, dansent sur les sépulchres des martirs s'estans eschauffés de vin au lieu de lamenter la froissure de Josef. *Ideo* St-Augustin : *Melius est in diebus dominicis vel arare vel fodere terram quam choreos ducere.*

DÉSESPÉRÉS. — Nous ne pouvons faire plus grand tort à Dieu que de désespérer de sa miséricorde. C'est luy faire double injure que d'offenser ainsy sa justice par le péché et puis sa bonté par le désespoir [4]... *Inde* le proverbe : Il n'y a de damnés que les désespérés... *Sola desperatio caret venia* [5]... C'est un

1. — En la 1re de St-Pierre, ch. 2.
2. — Primerose, *ibid.,* p. 851.
3. — Artois, en ses *Dialogues,* p. 136 ; Vincent, en ses *Sermons contre les danses,* p. 19 ; et Girard, en l'*Astuce du Diable,* p. 452.
4. — Hal, en son *Sénèque chrestien,* p. 64.
5. — Vivald, f. 17.

grand et horrible péché de se tuer de ses mains, si qu'il n'y a pas jusqu'à Platon, Cicéron et Varron, payens, qui n'aient remarqué l'énormité de ce crime, déclarant ignominieux, après la mort ceux qui se tuent eux mesmes, et pour ce les privans entre autres choses de la sépulture es monumens et sépulchres de leurs pères... Je vis à Paris l'an 1610, hors la porte St-Honoré, à main droite, le long de la muraille, hors la ville, qu'on y avoit pendu, de jambes en haut, et exposé ainsi un misérable qui s'estoit estranglé soy mesme. Et du depuis, j'ay veu à Bourdeaux, hors la porte St-Julien, aux Bourris, qu'on y appelle, qu'un gentilhomme qui s'estoit pendu en bas un lict chés le seigneur duc d'Espernon, à Puypaulin, y fut exposé dans un tombereau ouvert de dessus et ainsy le dict tombereau sur un bois de bout, afin que les corbeaux et les pies le manjassent. Toutefois on distingue entre tels malheureux ceux qui *per furorem vel insaniam mortem sibi consciverunt,* disant que *Hi quum nesciant quid agant et satis furore puniantur, culpa vacant.* Aussy *vitæ tœdio olim se occidere licebat.* Et ainsy le Sénat de Marseille interina la requeste de celuy qui luy demanda permission de se tuer pour s'exempter de la tempeste de sa femme [1].

DIABLE. — Quand Satan a veu que par la force de la prédication de l'Evangile ses autels ont este abatus, il a creu qu'il luy restoit encore un moyen pour recueillir le bris de son naufrage, semant le desbordement et la licence où il ne pouvoit introduire la superstition, en gastant les mœurs puisqu'il ne pouvoit corrompre la créance. Ce qu'ayant esté par moy descouvert et remarqué, passant diverses fois et à la Rochelle, avant sa ruine, et à Toneins avant et après sa désolacion et en d'autres lieux habités par ceux de la Religion, parmi les manans desquels lieux je remarquay es uns une grande avarice, es autres de l'exaccion et d'autres dépravacions de mœurs, je remontray, en Janvier 1640, au sieur Persi, ministre de Monflanquin que luy et ses semblables, ministres de la parole de Dieu, qui n'ont à combattre en leurs églises les erreurs de ceux de la comunion de Rome, devoient presser en leurs troupeaux et auditeurs la correction de leurs vices et la corruption de leurs mœurs, que j'avois reconu très grande parmi ceux de notre religion et qui a esté une des causes de la ruine des églises de Béar et de la bone police

1. — *L'Anthologie françoise* au mot Femmes.

mesme pour l'estat ecclésiastique, qui y avoit esté establi par la reyne Jeanne.

DISCORDE. — La Fortune ne peut doner meilleure ni plus belle occasion que le discord et le désunion des ennemis[1].

Henry le Grand en ses jours de paix pratica la dite maxime de désunion et discorde de ses subjects, fomentant dissension à Bayone entre les sieurs d'Etchaux, évesque, et de Gramont, gouverneur ; à Pau entre les seigneurs de la Force, gouverneur, et sieurs du Conseil ; à Bourdeaux entre le sieur cardinal de Sourdis, de la d. ville, et les sieurs du parlement d'icelle et d'autres lieux, quoique le sieur de Villeroy fut d'avis contraire disant que Sa Magesté devoit pour son propre bien chercher plustost à confirmer et estreindre la correspondance et la confiance entre ses ministres et officiers[2].

DROICT. — Il y en a qui par mésus ou autrement sont privés de certains droits dont ils avoient des titres, et en autre temps, eux ou leurs successeurs veulent faire valoir le dict droict. J'ay veu ce cas en Soule, car les sieurs des maisons d'Elissague, de Charritte de Bas, et de Jaureguibarne, sire Saldun d'Avense inférieur, ayant esté autrefois tenus pour nobles et comme tels ayant esté juges jugeans en la cour de Licharre, un siècle après, leurs successeurs immédiats furent mis entre les roturiers et en après, depuis l'an 1650, les sieurs d'à present d'icelles maisons se sont fait déclarer nobles par sentence de la cour de Licharre, voire et en conséquence de la dicte sentence, par arrest de Bourdeaux du 17 d'aoust 1655, ont gagné la préférence et droits honorifiques de leur église contre le maistre d'Inacrits, dud. lieu d'Avense, qui les prétendoit en avoir usé pendant la déchéance de Saldun.

ESCHOLES. — L'entretènement des escholes est une des exécutions du quatrième commandement du décalogue[3] parce que sans les escholes il n'y auroit dans peu de temps personne qui preschât la parole de Dieu. Par quoy ceux pêchent qui n'instruisent point leurs enfants et ceux qui mesprisent et refusent d'entretenir les escholes et ne se soucient que leurs enfants apprennent les bones lettres, le mespris des escholes estant suivy

---

1. — Lipse, en ses *Politiques*, l. 211.

2. — Mémoires d'Estat de M. de Villeroy, p. 116.

3. — Guérin, en son *Laict des chrestiens;* et l'Ep. aux Romains, ch. 14.

de barbarie. L'empereur Julien l'Apostat les défendit aux chrestiens [1] et le sieur de Sansons évesque d'Oloron, en sa visite de Chéraute, le dimanche 17 d'octobre 1655, dict au peuple du dict lieu qu'il excomunioit ceux qui envoyeroient leurs enfans à l'eschole de la dicte paroisse dont le régent professoit lors la religion réformée, et ce à l'imitation de l'Abdalatrabe [2] qui défendit aux chrestiens les escholes, au contraire d'aucuns Juifs qui demandarent des escholes à Antiochus [3].

ESCRITURE. — Je ne puis que je ne blasme l'opinion d'aucuns de nos gentilshommes françois qui ont à tel desdain les lettres qu'ils en estiment moins ceux qui les savent et y ont estudié. Au siège d'Amiens, sous Henri 4 un mestre de camp apelloit le philosophe un capitaine de son régiment qui avait bien estudié, par dérision ; come si c'eust esté noté d'infamie d'estre savant es bones lettres, et de marier oportunement les armes avec les lettres. Mais ce mestre de camp, s'il estoit gentilhomme, devoit savoir que la noblesse qui consiste en l'opinion fondée sur des titres, sur généalogie, armoiries et lustres d'ancestres est un ornement, quand elle est jointe à la noblesse naturelle et éminance de vertu, ce qui n'advient pas toujours. Ains cette noblesse civile eschoit souvent à des cœurs bas, lasches et brutaus... Parmi ceux qui tiennent rang de nobles, il y en a de grands et de riches, mais ils sont si inutiles à tout bien, que, s'ils estoient povres, ils auroient de la peine à trouver maistre, ils sont si indignes d'estre maistres que mesme ils ne méritent pas d'estre valets.

... Celuy qui le peut, même des gens de calité, doit tacher de se rendre savant même pour n'entendre qu'on l'appelle : gentilhomme françois qui ne sait ni lire ni escrire [4]. Prenant exemple du contraire, des pères qui font instruire leurs enfants à l'importance des magistratures et dignités publiques... et d'un des litterés de ce siècle, François de Bonne, originairement gentilhomme, que son père fit estudier et recevoir advocat au parlement de Grenoble et en après lui acheta un office de conseiller aud. parlement [5]. Mais quand ce fut à le recevoir aud. office les autres

1. — *La Vertu des payens*, pp. 265, 276.
2. — Duret, en son *Thrésor*, éd. 2, p. 449.
3. — Joseph, des *Antiquités des chrestiens*, p. 38 ; Sorel, en sa *Science des choses corporelles*, p. 10.
4. — Rampal, en ses *Discours académiques*, disc. 8.
5. — *Mémoires du duc de Rohan*, p. 86.

magistrats dud. parlement refusèrent de le recevoir ni admettre à l'exercice dud. office, en haine de ce qu'il estoit de la religion réformée, refus pour lequel il se rebuta de sa profession des lettres, et guerre s'estant esmue en Daufiné, il se rendit lieutenant du seigneur de Montbrun qui y comandoit les armes pour le parti de la dicte religion et ainsy ayant bien fait en sa dicte lieutenance et le dict seigneur de Montbrun estant mort il parvint à la charge d'iceluy, et d'icelle montant par degré vint à estre gouverneur pour le roy en Dauphiné et du depuis parvint a estre mareschal de France et à la parfin fut promeu à la dignité de connestable du royaume. Le mareschal de Gramont est scavant es bones lettres. Le mareschal de Gassion est pareillement parvenu à ses généralat d'armée et marechalerie de France, ayant faict ses apprentissages de guerroyer l'ennemi sous le grand Gustave roy de Suède qui le print en affection sur ce que se rencontrant en un exploit de guerre entre des cavaliers françois, le sieur de Gassion, lors come soldat de fortune sous le dict roy, sçut seul l'entendre faisant auxdits cavaliers un commandement en langue latine qu'il leur déclara ainsi, eux n'entendans le suédois ni le dict roy le françois.

ESCU. — L'escu ne valoit cy devant que quarante cinq sols. C'est ce qui prouve l'usage ordinaire des paysans de Soule qui en leurs contes passent encore ainsi l'escu. En France depuis le dict ancien usage fut haussé l'escu à trois livres tourn. Même par declaration du roi Henry 3 du 31 d'oct. 1577. Ensuite il fut aussi surhaussé de cinq sols et subséquamment, par déclaration du roy Louis 13 en l'an 1636 l'escu d'or sol fut taxé à cinq livres quatre sols tourn.

ESPIES. — Les gueux et mendiants ordinaires des lieux sont propres à cela (montrer des chemins détournés et plus courts) comme je l'ay experimenté à apprendre le chemin de Pau en ceste ville de Mauléon venant à Juranson, au haut de Laroin, à la coste de Senhaus, à l'Ospital d'Aubertin, à la coste d'Ucha, à Candeloup, à Cardesse, à Sausede, passant au bateau d'Aren, au Boucau de Geous, à Larreja, à Essilapé et icy. Et marchant sur la mésme route d'icy à Pau, en quoi on accourcit de deux heures de temps, à faire le dict chemin plutôt que par les autres chemins et routes ordinaires. Route que j'ai apprise d'un gueux mendiant que mon père print pour laquais chez Perrin d'Arbus, et route secrète si on craignoit des dangers communs aux grands chemins.

Contraste insuffisant
NF Z 43-120-14

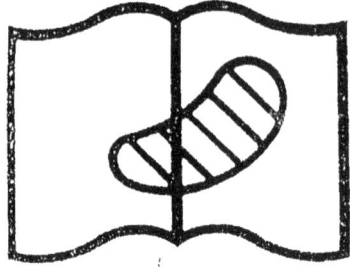

Illisibilité partielle

Valable pour tout ou partie
du document reproduit

EVESQUE. — Aumonius s'arracha l'oreille pour avoir prétexte de n'estre faict évesque[1]. Au cas qu'il n'y eut autre chose à faire que de ceindre sa teste d'une mitre et remplir son poing d'une crosse, pour gouverner une église, ce seroit bien en vain que tant de grands personnages auroient redouté et rejeté semblables charges et dignités et se seroient desrobés des villes pour n'y estre appelés, comme fit nuictament sainct Ambroise oyant qu'on le designoit archevesque de Milan. Saint Augustin s'éloignoit des lieux où il savoit que le siège épiscopal estoit vacant de peur d'y estre appelé[2]... Ces bons personnages et plusieurs autres de leur cathégorie (dont j'ay coneu Mᵐᵉ Sans d'Etchart, de Chéraute, et Pierre de Béhéte, de Mauléon en Soule, chacun desquels refusa l'évesché d'Oloron en Béarn, l'an 1599) estants touchés de l'esprit dont estoit meu Sainct Paul disant à Archipe qu'il print garde au ministère de l'église qu'il avoit receu.

LETTRES. — Les lettres sont très recomandables voire et aux grands seigneurs, lesquels ayans la volonté et le moyen de s'avancer par les armes doivent commencer par les lettres... Aujourd'uy 20 de juillet 1646 que j'escris cecy, je ne puis taire les éloges d'honeur que méritent les mareschaux de France de Gramont, de Turène et de Gassion[3] chascun général des armées du roy et qui servent tres utilement la couronne contre la maison d'Austriche, en Allemagne et es Païs bas et dont chascun d'eux a apprins plustost la science des lettres que l'exercice des armes, et qui par l'adresse d'icelle avancent utilement le progrès de celles ci, aussy sans autre faveur terrestre que de leur valeur personnelle qui les fait califier des vrais foudres de Mars[4].

LIEU. — Il n'y a pas longtemps qu'il mourut à Bourdeaux un conseiller (il bailla l'arrest de mon interdiction en l'exercice de

---

1. — Primerose, au t. 4 du *Vœu de Jacob*, p. 374; D'Aubus en son Sermon de l'exercice du St-Ministère, p. 31; Juigné, au mot Aumonius.

2. — Marnix. en ses *Résolucions polit.*, p. 15.

3. — Il feut blessé d'une mousquetade en la teste au siège de Lens au Païs-bas et porté à Arras où il rendit son âme à Dieu en la fin de septembre 1647. Et ensuite fut enseveli au cimetière du Temple que ceux de la religion ont à Charenton. Et vois de luy : Fortin, en son *Testament*, pp. 154, 84.

4. — * Sous le même mot, Béla mentionne sans autres détails deux duels dans lesquels ses compatriotes n'eurent pas l'avantage. « Les sieurs de Masparraute et Bouillon s'estans battus à Paris en la place du marché ou foire St-Germain, Bouillon blessa Masparraute au genou et celuy ci en mourut. Et n'a guères les sieurs du Frèche, Baron de Morlane, et de Sarraute se battans en duel, celuy-là désarma celuy ci. »

mon office de bailly et juge royal de la présent ville de Mauléon en Soule) après la mort duquel il a fallu désensépulturer et changer de lieu plusieurs fois son corps à cause des tintamarres qui se faisoient en tels lieux où ce corps estoit inhumé ; si que, pour, par ceux des dits lieux, ne pouvoir patienter les frayeurs des dicts hurlements et cris hideux et espouvantables, on a transporté de sépulchre en sépulchre ce cadavre en divers cimetières de couvents du dit de Bourdeaux et d'alentour et enfin mis iceluy je ne sais où pour fuir les effrois des lieux où l'on le mettoit en terre sainte.

LIVRES. — Il ne faut point de livres pour aucuns qui se comportent bien à l'accion. Tels furent en mes jours Anne de Montmorency, en ses derniers ans conestable de France, parvenu à la dicte dignité par ses précédentes correspondantes qualités et ayant par sa vertu honoré chacune de ses naissance et grandeur, sans avoir jamais mis le nez en aucun livre pour apprendre à lire ni la main sur du papier pour y escrire. Quasi tel a esté Antoine de Gramont duc et pair de France, gouverneur pour le roy de Bayone et païs adjacens et Béar et Navarre, auquel le sieur de Gère son gouverneur en son bas aage ne peüt faire apprendre à lire ni se signer qu'avec une gaule sur les allées de ses jardins, seigneur grand courtisan et grand de naissance et comodités et grand de bonheur en ce que luy et le seig^r mareschal de Bassompierre (esgalement coupables, de ce pourquoy le dict mareschal feüt emprisoné et détenu tant d'années), estans couchés ensemble en un lict par amitié cordiale, le dict mareschal fut capturé et mené à la Bastille et led. seigneur de Gramont laissé à repos. Et de plus en ce qu'iceluy seigneur de Gramont estant de la faction du mareschal de Montmorency, joint le comte de Cramail, led. seigneur de Montmorency fut suplicié à Toulouse et led. de Cramail conduit et tenu longtemps à la Bastille, led. seigneur de Gramont ne fut maltraité ni reproché de rien, ains caressé à la cour autant que jamais et conservé en ses honeurs dignités et charges et en ses derniers ans promeu à la dite dignité ducale, et le seigneur Antoine de Gramont son fils aîné fait mareschal de France et conservé es dites dignités et charges de son père et employé en des ambassades en Allemagne et en Espagne pour le fait du mariage du roy Louis XIV. Vray que celuy ci est très savant es lettres.

MESCONTENTS. — Aussy advint il en ce pais de Soule l'an 1587, que Messire Charles seigneur baron de Luxe qui y estoit

lors gouverneur et capitaine chastelain pour le roy de France
(occupant lesd. gouvernement, capitainerie et chastellenie au
préjudice de Jean seigneur de Belsunce et visconte de Macaye
son beau frère, sous prétexte que le dict seigneur de Belsunce
estoit de la Religion) fit publier au marché de la présent ville de
Mauléon un édit du roi Henri 3, fait l'année 1585, portant proscription de ceux de la dicte Religion de ce d. païs, contre l'advis
du sieur de Béla, bailly et juge royal de ceste d. ville, mon père,
un des potestats du présent païs, et que mond. père, et d'autres
gentilshommes et gens d'honeur de calité et de bones vies et
mœurs de ce païs, s'estans retirés les uns vers le Béar, les
autres vers la Basse-Navarre (terres de la seigneurie d'Henry 4
Roy de Navarre qui professoit lors lad. Religion) iceux proscripts
s'adjoignirent aud. seigneur de Belsunce et à la faveur d'une
commission dud. roy Henry 4 décernée par led. roy en qualité
de premier prince du rang royal de France, gouverneur et lieutenant général en ceste province de Guyenne pour le d. roy de
France, Henry 3, les dits proscrits avec quelques gens de guerre,
vindrent en ced. païs de Soule se restablir en leurs honeurs et
biens, le 2 de febvrier 1587. A quoy led. seigneur de Luxe et son
mauvais conseil donarent la main, se retirant à Otchagabie en
la Haute Navarre, terre commandée lors par le roy d'Espagne ;
si que du depuis led. seigneur de Belsunce et les sieurs y ont
tenu les dicts gouvernement, capitainerie et chastellenie de Soule,
jusqu'a l'an 1646, qu'Arman de Belsunce, aussy seigneur dud.
lieu et viconte de Méharin, rière-fils du dict seigneur Jean de
Belsunce se démit de lad. dignité en faveur de Messire Henry de
Gramont, gouverneur de Bayonne, conte de Toulonjou, rière-
petit fils du d. seigneur de Luxe.

MESTIER. — Des anciens philosophes et d'autres grands
personnages avoient son mestier chascun pour l'employ et
l'esgayement du corps, après les exercices de l'âme, et ainsy
Socrates estoit sculpteur, Diogènes batteur ou changeur de
monoyes, Pirron et Platon estoient peintres et de plusieurs
autres qui avoient leur profession particulière chascun [1]. Et de
nostre siècle, le grand Henry 4, roy de France et de Navarre, sur
ce suget, en bone compagnie, enquis sous le respect du à sa
Magesté quel mestier il avoit opté, respondit que c'estoit celuy

---

1. — Guibel, en son *Examen de l'examen des esprits*, p. 450 ; D'Aubus,
en son traité de l'Ebionisme, ch. 2 ; et l'*Ouvrage des Moines*, p. 285.

de bastier [maçon]. Le comte Maurice, prince d'Orange, grand capitaine en ses jours et lieutenant general des Estats de Hollande avoit choisi le mestier de tailleur. Loïs 13 roy de France et de Navarre, opta le mestier d'arquebusier et y travailloit fort bien. L'an 1631, moy estant logé à St-Germain-en-Laye en compagnie de M. le marquis de Castelnau, le dict seigneur me fît voir un rouet forgé par le dit roy et m'asseura d'en avoir veu plus de 17 faicts par led. roy. L'empereur Néron avait opté le mestier de violon... Il est bon à un chascun d'apprendre quelque art, auquel il eut de l'aptitude et de la propension naturelles, en tant que les biens terriens périssent, mais que les arts fournissent des moyens de vivre. *Unde :* Mieux vaut office que bénéfice. Et le travail des mains n'est pas incompatible avec le travail de l'esprit.

MILLE. — Il y a grandes differences entre les races et nacions selon leurs diverses habitacions. Ceux qui se tiennent es païs orientaux sont beaucoup differens de ceux qui vivent à l'opposite et aussy des méridionaux, occidentaux et septentrionaux, chascun desquels est grandement dissemblable en couleur, taille et habits, en mœurs et en humeurs de manière qu'il y a grande discrépance entre eux au regard du langage des habits de la manière de vivre, de la matiere des vivres, des inclinacions naturelles, etc. Tesmoin qu'à la lisière de ce païs-cy de Soule et du Béar, es quartiers de Moncayole, Larroye et Arrast, d'Angous et Charre, entr'autres, et esquels lieux sont a Moncayole entr'autres les maisons de Serresegue etc., et à Angous la maison d'affiousat etc. ; entre lesqueles maisons de Souie et de Béar n'y a qu'une pierre borne, un chemin à charrete et peu de pas de terre (et ainsy des autres paroisses et maisons qui s'y avoisinent), et où se voit sans contredict que les habitans des d. maisons de la part de Soule d'un costé et de la coste du Béar d'autre ont lesd. différences d'habillements (jusques aux couvre-chef, que les Basques ont de laine noire et les Béarnoises de toile de lin blanche), de langage en leurs matrices langues et d'humeurs. A Gironde, petit bourg sur la rivière du Drot entre Sainct-Macaire et la Réoule en Bazadois, où il n'y a qu'une petite rue, les habitants de l'une rue parlent le Saintongeois et ceux de l'autre le gascon. Es Pyrénées d'une seule goutte d'eau de la pluye ou de certaine neige l'une partie coule vers la France et l'Océan et l'autre vers l'Espagne et la Méditerranée. Il y en a qui ne pourroient endurer aucunement un roy, come jadis les Athéniens et aujourd'huy les

Holandois, les Suisses, les Grisons, les Vénitiens etc. et d'autres qui ne pourroient vivre sans roy come les Francoys aujourd'huy, en tant que cette nation ayme naturellement son roy et la monarchie, come jadis l'aymoient les Egypciens. Ainsy les Béarnois se fâchent de qualifier le roy de France que leur seigneur souverain, d'autres ne peuvent souffrir ce mot de seigneur (come les généreux Souletains qui se cabrent à ce titre disans qu'ils n'ont autre seigneur que le roy)...

Les uns se baignent en la légèreté, d'autres ayment la gravité et se plaisent es longueurs, come les Espagnols, d'autres (come les Francois ayment la soudaineté et la promptitude)...

Sainct Paul dict que les Crétains sont toujours menteurs. Aussy en Bourdelois on dit : Tesmoins de Tulle[1] et es Soule nous disons : Tesmoins de Josbat pour dire que les gens de ces lieux là sont peu consciencieux...

Tite-Live dit que les Lucanois changeoient leur foy avec la Fortune. (Je conois plusieurs Bearnois qui sont de cette catégorie.) On attribue aux Castillans la magnanimité, aux Francois l'inconstance, aux Alemands l'yvrognerie, aux Italiens la vanité, aux Génois la perversite, aux Florentins l'avarice (c'est un des défauts des Béarnois). Les Napolitains sont danseurs (j'ay dit que c'est l'humeur de ceux de St-Palais en la Basse Navarre), les Vénitiens sugets à caucion en faict de loyauté (on dit le mesme à Paris des Gascons) et je le dis des valets Béarnois, car de plus de cent que j'en ay eü je n'en ay trouvé trois de fidèles...

La race tire plus que cent paires de bœufs. Ainsy jamais la malice ne fut exilée d'une des familles les plus notables de ceste ville de Mauléon et le larrecin d'une autre race du mesme lieu, le mensonge d'une autre du voisinage, ni l'orgueil d'une famille de Laruns en ce païs.

> L'enfant tirant de son père
> Et le corps et les humeurs,
> Quoique l'on y puisse faire
> Il en tient aussi les mœurs.

Et l'on dit vulgairement :

> *Sæpe solet filius similis esse patri,*
> *Et sequitur leviter filia matris iter.*

1. — * Tulle en Bas-Limousin.

Et en basque

Otsoa nolaco
Umia halaco.

Ou

Phicac gàrà gàrà,
Umiac hàlà hàlà.

Et en gascon

De nature put lou bouc.

..... Albicida, roitelet en la Nouvelle Espagne, avoit des palais bastis sur des arbres chascun, et en une de ces maisons on a vu habiter plus de deux cents domestiques[1]. Il y a aussi des maisons dans du roc taillé. Le sieur de Lusse, baron de Capian près Langoeyron en Bourdelois, en a une de ceste condicion où il y a de beaux offices sous la terre. Il y a aussi de telles maisons arrivant d'icy en là à Amboise. Il y en a à Montrichart et de plusieurs autres entrées.

..... Au present pays de Soule dans le village de Lichans il y a un vent d'ordinaire, lequel des habitants du lieu m'on dict leur estre particulier à tous les autres villages de leur voisinage et du pays. Il y en a un autre pareil à Nyons ville proche Vinsobres en l'évesché de St Paul en Dauûné qui est un vent particulier, surnommé du pont de Nyons, lequel sort d'un abysme qui en est tout proche et lequel mérite d'estre appelé la quatrième merveille du Dauphiné[2].

MOINES. — Il y avoit jadis des moines mariés : et ainsi en Angleterre, dans une ville nommée Bangor, il y avoit dans un grand monastère, douze cens moines la plus part mariés, qui estoient tous povres artisans et qui gagnoient leur vie au travail de leurs mains[3]. Et de cet ordre de gens estoient et sont les donats alias donés, dont il reste aujourd'huy quelque estincèle en certains lieux, lesquels à cause de leur communion en ladite moinerie sont appelés en aucuns endroicts Frayde (frères), ainsy que les manans du lieu d'Utsiat en Ostabares, proche Lar-

1. — Majole, en ses *Jours caniculaires*, t. I, p. 859.
2. — *Arrests définitifs recueillis de la parole de Dieu*, par Gabriel Boulle, ministre du St-Evangile en l'église réformée de Vinsobres en Dauûné ; Genève 1633, en sa préface, f. 2.
3. — V. Majole, en ses *Jours*, t. I, p. 946 ; D'Aubus, de l'Ebion., p. 48 ; Boulle, p. 148 ; le *Directeur désintéressé*, p. 174 ; l'*Ouvrage des moines*, etc.

sabau, Cibitz, Galçataburu, Gamarte, etc. en la Basse-Navarre, et
en Béar au lieu d'Aubertin, entre Oloron et Lescar, et qualifiés du
dit mot de donats ou donés ; ou pour que des seigneurs ou autres
fondateurs des monastères donnoient à des persones laïques
dévotes l'administration des biens des dits monastères eu nom et
titre de précaire (raison pourquoi telles choses sont dites
præcariæ), ou d'autant que lesd. pieux personnages donnoient
leurs biens ou partie d'iceux, et leurs terres et partie des tenan-
ciers d'icelles, et ceux qui y estoient déja et ceux qui s'y accase-
roient, pour les fondation et dotation des monastères ou hospitaux y établis, à certaines conditions [1]. Tesmoins que ceux des
dits lieux d'Ainharp, d'Arambelz et d'Utsiat, donnèrent de leurs
biens ou droits ou se donnèrent aux prieurés de leurs paroisses
à telles conditions que les uns et les autres desdits donats ou
donnés demeurèrent patrons lais du prieuré du lieu à chacun des
dits lieux. Et qu'au lieu de l'hospital St-Blaise de Misericorde [2],
annexe de la paroisse de Moncayole en ce pays de Soule, un de
mes ancestres, seigneur de la maison noble et potestaterie en ce
dit pays : le Domec de la paroisse de Chéraute, contigue audit
hospital, donna ses fonds de terre, tehanciers y logés et à loger,
bastis et à s'y bastir et establir, et les droits de ses redevances,
moulins, prairies, droits décimaux, etc., qu'il avoit audit quartier,
ainsy fait et dit, au recoin de certains dézerts et boscages, le dit
hospital St-Blaise de Miséricorde, en establissement d'une mai-
son-Dieu en laquelle les povres passans, pélerins ou autres
indigens trouvassent miséricorde en temps opportun, au moyen
des hommes, rentes, revenus et autres fruicts, proficts, émolu-
mens, moyens de subsistance et honneurs (qui porte aujourd'huy
le titre de commanderie de l'hospital St-Blaise), soy réservant
entre autres choses un bœuf de service que le commandeur dudit
hospital seroit et est tenu pour toujours fournir au seigneur
dudit domec pour le service de sa maison ; au point que le dit
bœuf servant, venant à défaillir, sans coulpe d'autruy, le seigneur dudit domec de Chéraute renvoyant led. bœuf, s'il se peut
traîner, ou le cuir d'iceluy s'il est mort, audit hospital, le commandeur du dit hospital est tenu de luy en envoyer un autre
qui soit bon et de l'aage pour le moins de quatre ans, pour son

1. — Ut Filesacius, *Operum variarum*, p. 858.

2. — V. en mes *Comment. sur la Coust. de Soule*, f. 4, es marges, et
f. 64.

dit usage, et luy continuer ainsi ledit devoir à perpétuité sans attendre mutation du seigneur ni du sujet. Et des modernes commandeurs dudit hospital, ayant voulu contester led. droit à des seigneurs dud. domec, de temps en temps par justice, ils y ont descheu, chacun et les seigneurs dud. domec maintenus aud. droit ; et sur ce lesd. commandeurs ont continué de satisfaire à leurd. devoir et le delayant y ont esté contraints par saisie des biens, rentes et revenus dud. hospital. J'ay veu en mes jours six ou sept fois l'expérience de ce que j'en dis entre feu mon père et mon frère, seigneurs dud. domec, et Pierre, Jean et Arnaud du Peyré commandeurs dud. hospital. (Ainsy qu'appert mesme par un jugement définitif donné pour led. seigneur du domec contre led. sieur commandeur St-Blaise de Miséricorde par le juge de Gascogne, à Dacqs le 2 de sept. 1477, et de plusieurs autres jugemens, lettres exécutoires, exploits d'exécution, actes de payement et d'acquit, etc. que mon frère a devers soi par mon avis pour luy servir d'autant d'exportes[1].) Et quoique lesdits moines, donats ou donnés fussent, et leurs sucesseurs ayent esté et soient mariés et mariables[2], ils se rendoient moins aux dictes conditi-

1. — * Cette singulière servitude était si importune aux commandeurs qu'elle ne fut presque jamais satisfaite qu'à la suite d'un arrêt de justice. Les pièces de ces nombreux procès nous permettent de dresser une liste à peu près complète des commandeurs depuis la fin du xve siècle jusqu'au xviiie. Elle n'est pas sans intérêt pour l'histoire ecclésiastique de Soule.
Jean de Méritein, commandeur, plaide avec Guillento de Chéraute, 1477. — Auger de Béarn, protonotaire apostolique, chanoine d'Oloron, plaide contre Pierre de Chéraute, petit-fils de Guillento et est aussi forcé de livrer le bœuf, 1515. — Raymond de Ruthie, comm. de 1530 à 1560. — Interrègne au commencement des guerres civiles. — Claude Régin, évêque d'Oloron, faisait régir par un sien serviteur nommé Guillaume Hodoyer, 1570. — Julien de Marca, mentionné sans date. — Guillaume de Lezio, pourvu en cours de Rome lui succéda. — Charles de Luxe, châtelain de Mauléon, s'empara de la commanderie au temps de son gouvernement. — Jean de Belsunce le remplaça en 1587, comme châtelain et comme commandeur. — François d'Espès fut prétendant à ce bénéfice mais céda son droit à Jehan de Larsabal qui exerça jusqu'en 1603. — Pierre du Peyré, 1603, par résignation du précédent, plaida contre Gérard de Béla. — N. du Peyré, vers 1620. — Arnaud du Peyré, III du nom, en 1627. — Jehan du Peyré, 1645, qui est dit avoir succédé à ses ayeul, oncle et frère aîné. — Henri de Domezain, en 1677. — Gabriel de Moncins, plaide à son tour, pour ne pas livrer le bœuf, 1703. — La commanderie passe ensuite aux Barnabites de Lescar et le R. P. Teyssier leur syndic renouvelle le procès. La Révolution seule pouvait mettre fin à cette éternelle contestation. — Les explications de Jacques de Béla sur les donats ne sont, d'ailleurs, ni très claires ni très convaincantes.
2. — Filesacius, p. 855.

tions, ainsy que les autres donnoient et faisoient la constitution
desd. monastères et hospitaux sous les conditions de leur
réserve chacun [1]... *Adde* que tous les anciens moines étaient
laïques. Et ce qu'on dit que par les Capitulaires de Charlemagne
les précaires ont esté supprimées : telle suppression ne s'est
estendue es lieux sus spécifiés d'Utsiat, d'Arambelz, d'Ainharp,
ni de l'hospital St Blaise (quant à l'acquittement dud. devoir
dud. bœuf de service aud. seigneur de Chéraute), ains qu'en
chacun d'iceux lieux, signamment d'Arambelz, d'Ainharp et de
l'hospital St-Blaise, les donats jouissent en pleine possession et
propriété, et leurs successeurs et droit ayans, de leurs biens
meubles et immeubles sis en iceux lieux ou ailleurs. Et ceux
d'Arambelz et d'Ainharp dud. droit de patronage laïc des prieurés
de leursd. paroisses chacun ; que lesd. donats d'Utsiat [2], quoiqu'ils tiennent les maisons du prieuré dud. lieu en forme de
précaire, comme dict leur prieur, néantmoins possèdent de père
en fils successivement, *ab omni œvo,* chacun l'héritage et les
appartenances d'iceluy que leurs pères aieul et autres antécesseurs
jouissaient de mesme, et sont, en l'estat qu'ils vivent, incon-
testablement patrons laïques du prieuré dud. lieu et y nomment
et présentent un prestre à prieur ; et que ceux de l'hospital St-
Blaise soient aussy, et les leurs, maitres absolus de leurs biens
meubles et immeubles qu'ils ont aud. lieu et ailleurs et les trans-
fèrent à qui leur plaist, et que led. seigneur du domec de Chéraute se fasse aussi délivrer led. bœuf de service quand celuy
qu'il avoit vient à defaillir. Lad. objection de la suppression desd.
précaries par lesd. Capitulaires de Charlemagne est frustratoire...

MONASTÈRE. — ... Ainsy aujourd'huy 23 de mars 1647, N. [3] ministre du St Evangile et professeur en philosophie au collège de
Montauban, chez lequel j'ay mon fils Philippe de Bélapoey estu-
diant en ses leçons philosophiques et pensionnaire. Et comme
ensuite, des 8 de novembre 1680, j'ay tenu Polycarpe de Béla-
Mounes mon autre fils, escolier tantôt à Ortès chez monsieur de
Magendie, pareil ministre, puis à Lescar chez monsieur Vidal,
aussy ministre, et en après chez autre monsieur de Magendie,
pareillement ministre à Sauveterre et St Gladie, etc., de plusieurs
autres estudians, tous desd. ministres.

1. — Belarmin., de Monach., cap. 42, § 14.
2. — Voir pour le faict et observance de ces gens d'Utsiat le *Directeur
désintéressé,* en la 4ᵉ partie, ch. 17, p. 324.
3. — * Le nom est omis.

MOQUER. — ... Ainsy à Saint Palais, en la Basse Navarre, il
sest rencontré en mes jours, que dus conseillers en la (lors) chancellerie et cour souveraine dud. royaume ayant entrepris le
soustien, chascun du parti contraire, du procès qui y estoit pendant sur des honeurs d'eglise entre les sieurs de la maison noble
de Gensane, du lieu d'Orsanco, et d'Ibiquet, du mesme lieu, l'un
ayant par brocard, mis en un sien escrit pour led. s[r] de Gensune,
en contradiction d'un autre escrit de l'autre pour led. Ibiquet,
qu'au lieu de marteau il se prenoit à la truelle (d'autant que
led. conseiller premier escriveur estoit rière-fils d'un masson) ;
celuy-là, pour contrepointe, respondit aud. brocardeur qu'il
cherchoit cinq pieds de mouton, pouvant savoir qu'il n'y en a que
quatre (disant cela à cause que l'ayeul dud. brocardeur estoit un
boucher). J'en tais les noms, à l'honeur de leur dignité, calités,
parentés et alliances qui sont aujourd'uy come eux mesmes en
grande considéracion entre et par dessus des gens d'honeur,
nonobstant qu'il soit très veritable que led. ayeul de l'un fut
boucher[d] et le père de l'autre masson[s], mais qui n'empechoient
que les dits ayeul de l'un et père de l'autre des dits sieurs ne
fussent très honestes homes et bien sensés, tesmoins entr'autres leurs industries soins et effects, l'un d'avoir mis et avancé
en l'estude des bones lettres son fils, fort honeste home, et
iceluy fait promouvoir à la charge de procureur du roy,
exerçant lequel office avec honeur et probité il mourut assez
jeune, et l'autre d'avoir mis son fils en ordre qu'il a esté et procureur général du Roy et conseiller à lad. chancellerie, en suite
vis chancelier et puis présidant. Et l'un et l'autre des d. sieurs
antagonistes aujourd'uy, magistrats souverains, de bon renom
chacun, et dont chacun peut s'arroger à bon droit le comun dire
qu'il vaut mieux estre le premier noble que le dernier ignoble de
sa race.

MORT. — Aucuns ont sauvé leurs vies par le moyen d'estre
tenus pour morts[3] : voyla coment Euménès eschapa d'estre tué
par Perseus. Et l'an 1622, le marquis de Lusignan en Agénois,
le père, suposant au lieu de soy un autre home mort, et ainsy se
faisant enterrer publiquement en son tombeau, sous le nom du d.

---

1. — Orogne.
2. — d'Esquile. [* Ces deux noms sont ajoutés en marge, d'autre
écriture.]
3. — Meillet, en ses *Discours politiques*, p. 211.

marquis luy mesme, et fesant ses mort et enterrement, conserva ses honeurs, vie et biens du courrous du roy Loïs 13. Et ainsy l'ont faict plusieurs autres en preuve du dire espagnol : *Qui passa punto, passa mucho.*

NACION. — Il y a des nacions qui ont de l'émulacion l'une sur l'autre ; l'espagnole sur la françoise la béarnoise sur la basque.

NACIONS. — Se rangeant à la réformacion de ce temps là, de l'église, Maistre Pierre de Majorali, mon bisayeul (personage tres vénérable du d. temps en ceste ville), et ensuite M⁰ Jéhan de Johanna, lieutenant civil et criminel au présent païs, conseiller du Roy en sa (lors) chancelerie de Navarre séante à St Palais, et secrétaire d'Estat de Jeanne reyne de Navarre, mon ayeul[1] et M⁰ Gérard de Béla, Bailli et juge royal de ceste ville et lieutenant aussi civil et criminel en ce païs et potestat de Chéraute, mon père, et mes damoyseles et ayeule et mère Saurine de Majoraly et Caterine de Johanna, mère et fille, s'y tindrent, et moy le moindre de ceste progéniture m'y tiens par la grâce de Dieu, les tous et chascuns de nous ayans eu, par la faveur céleste, l'honeur de porter ainsi en nostre telle profession de foy la croix de Christ...

NÉCESSITÉ. — Quand tu seras en grand détresse mis
Adresse toy à tes meilleurs amis.

C'est ce qui fait dire à l'Espagnol : *Los amigos son para la congoxa*[2]. J'en ay veu l'expérience en mes jours lorsque M⁰ Jean de Ramat, cyrurgien en la présent ville de Mauléon (honeste home et aymé en nostre famille), ayant refusé au seigneur de Belsunce (lors gouverneur de ce païs) de luy prester une notable somme d'argent, le dict seigneur pour venger le déplaisir qu'il receut de ce refus s'estant aperceu que led. de Ramat avoit engrossé Saurine d'Ohix, niepce naturelle et légitime de feue

1. — * Jacques de Béla a inscrit en marge et en fin de page, à cet endroit, l'annotation suivante : « Par arrest du Parl. de Bourd. du 10 de juin 1550, au rapport de M. d'Amelin. » Et il ajoute au commencement de la page suivante, en marge, cette mention qui se rapporte évidemment à la précédente : « De ces peines n'y eut autre escrit que l'obéissance à l'exécucion d'icelles par mesd. ayeuls et père. » Il semble résulter de ces mentions que Pierre de Majorali et Jehan de Johanne avaient été condamnés par le Parlement pour quelque fait de leur religion. L'arrêt ne pouvait concerner personnellement Gérard de Béla, le père de Jacques, qui venait au monde en cette année 1550.

2. — * *Congoja,* peine, affliction.

Graciane d'Ahetze, damoiselle sa femme, manda un jour fu mon père, bailli de ceste ville, et d'autres magistrats d'aller au chasteau pour une affaire qu'il disoit avoir à leur communiquer. Et eux y estans et moy avec, mon père m'y ayant mené, et le portal nous ayant esté fermé pour que persone n'en sortit, et des aguéteurs mis sur les deux plateformes qui y estoient du costé des avenues de la ville, come je m'aperceus que le d. seigneur faisoit informer du dit inceste et ne parloit de moins que de faire brusler les dicts d'Arramat et d'Ohix, je montai vers lesd. plates-formes et ayant prins garde que les soldats du d. chasteau (qui jouoient au corps de garde au vin) se servoient d'un petit garçon Jean d'Arnis (qui est aujourd'uy cyrurgien à Montory), pour leur porter du vin jusqu'au portal, de la ville en hors (sans le laisser entrer aud. portal), lui prenoient les bouteilles et le renvoyoient en plus quérir ; par dessus un des d. sentinèles (qui se tenoit courbé sur la muraille, de visage vers le fossé et de dos vers moy), je fis signe au d. garçon d'aller au derrière dud. chasteau (où il n'y avoit nul aguet) et luy y estant allé et moy m'estant rendu à la guérite qui y respondoit, je luy dis que sans faire semblant de rien, il dit en secret à sa mère (laquelle estoit la plus prosche voisine de la maison du d. de Ramat), qu'elle advertit prompte-ment ses voisins du costé de haut, de sortir soudain de chez eux pour leur profict. Ce garçonet ayant bien exécuté sad. comission, et sa mère la siene, et les d. de Ramat, et d'Ohix (stimulés, aussy probablement de leurs conscience pour leurd. mesfaict) s'estans incontinent retirés ailleurs, luy chez Me Pierre de Larsun, et elle chez Portau, come une heure après, des sergeans et soldats s'en furent chés le d. de Ramat avec un décret de prise de corps pour les capturer et mener au d. chasteau en prison et leur y estre faict et parfaict le procès, n'y trouvans persone ; et cependant s'estant faict nuict, et eux retirés, à la faveur de la d. nuict le dit de Ramat se refugia à Sauveterre en Béar et lad. d'Ohix à Angous aussy en Béar ; et ensuite le d. de Ramat ayant faict porter de Rome provisions portant abolicion du d. crime et dispense pour espouser lad. d'Ohix il l'espousa et se remit chés soi, où luy et elle vescurent du depuis en paix. Relacion que j'ay marquée pour dire qu'un amy est chose inestimable, tesmoin que mon dit exploit d'amitié valut aux d. de Ramat et d'Ohix, pour ce ren-contre, plus que tout ce qu'ils avoient au monde, car si leur d. emprisonnement eut esté faict, le d. seigneur gouverneur leur auroit faict faire et parfaire leur d. procès et la preuve dud. ex-

7

cès estant constante, en ce que la d. d'Ohix estoit grosse à s'ac-
coucher tous les jours (ainsy qu'elle s'accoucha tost après d'un
fils qui est mort au siege de Corbie), ils auroient esté condamnés,
la sentence confirmée et l'exécucion ensuyvie avant qu'ils
eussent eu remède contraire et ainsi auroient perdu honeur vie
et moyens. Par quoy ayons des amis, conservons les pour le
besoin et alors servons nous en sans pourtant en abuser.

NOMS. — En Basque, la pluspart des noms des choses scizes
sur le fonds de la terre sont significatifs, soient ce des villes,
bourgs, villages, maisons, forests, vergers à pomiers, etc., come
on dit Bayone du basque *Baya ona* qui veut dire bon havre ;
Montory, en basque *Berorice* prins de *Berourinçu*, qui dénote
lieu gras de soy mesme ; *Larragne*, de *hainlarréçu* mont ou
costeau friche, ainsi que le lieu et parroisse de Larraun l'estoit
avant sa peuplacion de maisons et de gens ; *Oumice*, Avense,
dérivé du mot *umiçu*, humide come il l'est ; *Hirouriria*, Troisvilles
de ce que ce village est parti en trois parties d'assemblages, de
maisons, de *hirour*, trois et *hiri*, nombre de bastiments proches
l'un de l'autre ; *Alzuruçu*, Aussuruc, de *halz*, vernes et *luçu*
forest pour dire forest de vernes ou vernoye ; *Salguice*, Sauguis
du *Salgué*, vesceron ou petites lentilles que la terre de ce lieu
là produisoit de sa nature ; Idaüce, Idaus de *Urac d'arentça*, des
eaux y croupissent, come cela y est ; *Juntané*, Gentein, de
Junta et du *hain* pour dénoter que proche ce tertre se joignent
le gave et le ruisseau qui y vient de Musculdi et d'Ordiarp ;
Leçarré, Licharre de ce que le sol de ce lieu là produisoit les
frènes dicts en basque *Leçar ; Bildoce*, Biodos de *Bildu Ocen*
bruit de gens ramassés, ce qui y estoit et y est parfois, pour ce
que, de tout jamais en ça, les habitans de Soule y ont mis et y
tiennent les escrits de leurs privilèges comuns, qui y sont sarrés
en l'église, dans un endroit en la muraille à ce destiné et qui se
ferme à sept clefs, qui sont gardées par les sept degans du
païs, chascun en ayant une ; *Iribarne*, Libarren, pour dire village basti vers le vuide des deux monts qui y sont à costé fort
proches, du *hiri*, village et *barne* en profond ; *Sorhoeta*, Chéraute, de *Sorho* prérie, et *eta*, pour dire qu'en ceste parroisse
y a et des prèries et d'autres bones possessions en quantité ;
Larhunçé, Laruns, c'est à dire terre friche, lierrent ; *Urrustoy*,
Arrast, pour dire lieu de coudriers, et de plusieurs autres tels
lieux de la contrée basque. Il y a aussy des vilages qui y sont
dénomés des arbres qui y estoient lors de leur conversion en

bastiment. come *Çunhar*, Sonhar, du *Çunhar*, ormeau ; **Hagoeta**, Haute, du *Bago*, hestre. Idem de plusieurs maisons nobles et autres, come on dit *Jauregui* ou *Jauntegui* de *Jaur* ou *Jaun*, seigneur et *hegui*, costeau, ou *thegui*, habitacle, et aussi maison seigneuriale en lieu élevé, come les anciens se souloient ainsi loger, tesmoins les traces et marques de tels vieux bastiments et chasteaux qui se voient encore en plusieurs coupeaux de montagnes, maisons dictes par les Gascons *Domecs* du latin *œdes domniacæ*, et ainsy le vestige de l'ancien domec de Chéraute se voit au haut du mont *Ahargo Chipia* et de plusieurs autres chascun en droit soy. *Yriart*, pour dire au milieu de la ville bourg ou vilage du *hiri*, assemblage de maisons et *arte*, milieu, entre deux ; *Etchart*, maison bastie entre deux autres logements, du *etché* maison et *arte* ; *Azconcilo*, maison bastie au lieu où les blaireaux avoient leur retraite, *Béla*, maison qui avoit ou a une voile sur son faiste, de *bela* voile ; *Suburn*, maison bastie au bout d'un pont ; *Meharune*, maison ou endroit estroit, de *uné* endroit et *mehar* estroit ; et ainsy de telles et d'autres choses des Basques dont ou de la pluspart on pourra apprendre les étymologies en mon Diccionnaire Basque et d'autres pareils livres ou des persones qui entendent la racine du mot dont sera question.

OBLACIONS. — Les curés tant des villes que d'autres lieux doivent estre maintenus es droits des oblacions come des autres droits parrochiaux qu'ils ont accoustumé de percevoir selon les anciennes et louables coustumes *quæ ex pietate introductæ sunt.* Les anciens arrests du parlement de Paris ont tolléré ces droits et d'autres parlements aussy s'y sont joints, ores que les oblacions soient *de consilio non de præcepto...* Come en certaines églises de la Barhoue, en ce païs-cy de Soule, en caresme on faict des oblacions de moulue, de sardines, etc. En d'autres églises on offre un cheval lors de l'enterrement d'un seigneur, et lors de la sépulture de quelque autre home un mouton, lors de l'ensevelissement d'une femme une brebis, et pour les povres homes on offre des chapons, pour les povres femmes on offre des poules et pour les tous quantité de pains et de la cire en chandeles, des pomes, voire et des costeletes de mouton, etc., selon les usages des lieux. De ces gratuités faictes par dévocion et continuées les unes par accoustumance, les autres par amour envers le curé qui les reçoit, les autres par vanité de ceux qui les font, les autres à l'importunité et menace de leurs curés, les autres à cause des procès qui leur sont donés sur ce, a esté faicte coustume et combien que contre telle coustume on peut dire que les prestations faites volontairement n'engendrent obligacion nécessaire, toutesfois cela n'a lieu es prestacions faites par dévocion et charité qui ont ceste spéciale faveur que ce qui a esté accoustumé par long temps d'estre payé produit obligacion de laquelle est donée action civile et légitime.

OUBLIER. — ... Il est advenu chose quasi pareille en nos jours en ces cartiers en ce que Francois de Méritein, seigneur souverain de Nabas et Bisqueys, ayant prétendu faire du compagnon avec le seigneur de la Force, vice roy et lieutenant général pour le roy en Navarre et Béar, et avec les Messieurs du Conseil de Pau (non lors encore érigé en Parlement), les fit tous pendre en effigie au pont qui estoit en ce temps là au dict lieu de Nabas, occasion qu'en ressouvenance de cest affront et pour prétexte d'autres excès le dit sieur de Méritein fut tué par Lentillac, capitaine des gardes du dict seigneur de la Force, d'un coup de pistolet (quoique rendu à parole de vie sauve), à Lohitzun, en octobre 1615 ; et le sieur de Lescun, conseiller du roy au dict conseil de Pau, député de ses collègues, estant allé à Nabas, y fit pendre quelques uns des satellites du dict sieur de Méritein et annexer et unir au dict Conseil de Pau la souveraineté et les justices haute et moyenne des dits lieux de Nabas et de Bisqueys.

PAILLARDISE. — La paillardise a esté maintefois la cause de la ruine et de l'éversion de plusieurs grans empires et puissantes monarchies ; ainsy que d'infinités d'anciennes et honorables familles ; en Basque celles de Luxe, de Belsunce, de Chéraute, etc.

PAPISTES. — Des papistes ont maltraité en maintes manières plusieurs de ceux de la Religion réformée. Voire et en ce siècle, l'an 1620, le nomé St-André (cadet de la maison de Hir[1]... près Acqs) estant allé comme par forme de visite au fort de Tartas, vers Socagnon, gentilhomme de la dicte religion qui portoit les claifs dud. fort (chasteau ou citadelle) de Tartas (des pars du seigneur Baron de la Harie qui en estoit le capitaine ou gouver-

---

1. — * Ce nom, au bord de la page usée par frottement, n'est peut-être pas entier.

neur pour le roy) et Socagnon l'y ayant bénignement accueilli, St-André (catholique romain) dona de sang froid, un coup de pistolet à la teste de Socagnon et l'ayant ainsy tué sans suget ét traitreusement en jetta le corps par une des fenestres du d. chasteau au fossé d'iceluy fort ; pour exonier sa malice envoya ensuitte au seigneur de Poyane gouverneur d'Acqs, lui dire qu'il estoit maistre du d. chasteau et que c'estoit qui luy plaisoit qu'en fust faict. Massacre duquel il n'a jamais esté faict justice corporelle. J'ey connu l'un et l'autre des dicts sieurs.

PAYSANS. — En la Grande-Bretagne les paysans s'égalent presque aux maistres des premières maisons. Ils en font autant es païs de Soule et de Labourd en Basque.

... En Soule, l'an 1643, des paysans meus d'Irigaray notaire, habitant à Mendite, et conduits par Gracian son fils, dict lu Rainca [sic], faccieux, pour le sr du Peyré, dict de Troisvilles, adjudicataire des viconté et domaine du Roy, firent infinité d'insultes contre les officiers et sugets zélés de Sa Magesté, résistarent au procureur du Roy, s'attrouparent au bois Cilvict, descendirent en gens de bataille rengée, firent descendre le procureur du roy de son cheval et le renvoyàrent à pied, prindrent prisoniers et menarent à l'églize d'Endurein les sieurs de Bélaspect et de Jaureguiberry de Libarren et les y détindrent environ de vingt heures, les menaçant de les pendre à la première branche de chesne, et usant d'autres outrages ; et es années 1646 et 1647 se sont attroupés et mutinés contre Messire Henry de Gramont conte de Toulonjon, gouverneur pour le roy en ses ville, cité et forts de Bayone et païs adjacens, conseiller du roy en ses conseils, mareschal de camp en ses armées et gouverneur aussy et capitaine chastelain pour Sa Magesté au présent païs de Soule, faict et dict des saillies, dont s'en est ensuyvie l'amende honorable d'Ahetz, du dit Troisvilles, fils du procureur du d. du Peyré [1].

PLACE. — La cure d'Orsais (cure bone et de grand rapport)

1. — * Les historiens précités des troubles de Soule au xvi* siècle, n'ont pas parlé de ces premières séditions de 1643, 1646, 1647, causées par la cession du domaine du Roi en faveur du comte de Troisvilles ou plutôt par l'échec des démarches tentées pour faire rapporter cette mesure et les manœuvres et les gaspillages d'argent qui eurent lieu à cette occasion. Ces premiers mouvements n'eurent pas l'importance de ceux dont il sera parlé plus loin, mais Jacques de Béla ne pouvait les passer sous silence, son fils Bélaspect en ayant été victime.

ayant esté longuement plaidée entre quelques prestres au Parlement de Navarre séant à Pau, es années 1640, avant et après ; à cause que de ces prestres contendans l'un avoit tantost le dessus et tantost l'autre, voicy arriver Messire Jean d'Olce évesque de Bayone, diocœsain de lad. cure, qui faisant l'entremetteur de paix entre ces prestres plaidans icelle cure, demanda à chascun d'eux ses intérests du d. bénéfice, ce qu'eux lui ayans octroyé de courtoisie il conféra la dicte cure à un sien frère et l'en rendit paisible jouissant, ainsy qu'il l'est aujourd'uy 2 de mars 1648 ; et pour lesd. prestres contendans, c'a esté à eux et à chacun d'eux à capter la bienveillance dud. évesque à ce que quelqu'autre bénéfice de sa collation venant à vaquer il les en pourveut chacun en rétribution de leurs d. courtoisies.

PRÉCIPITER. — Il ne faut pas se précipiter dans les troubles de l'eglise, ni pour les intérêts d'icelle, cela estant lamentablement vérifié au dommage de l'église ; ceux qui se meslans indiscrètement de remédier aux désordres qui y adviennent, se précipitans es flammes qui s'y allument, les augmentent plutost qu'ils ne les esteignent et se brulent plustost eux mesmes qu'ils n'aydent autruy (tesmoins entr'autres, es troubles pour les affaires de la mainlevée du bien ecclésiastique de Béar, advenus es églises dud. Béar et en celles de France qui s'y estaient engluées imprudémment, les sieurs de Rohan, de Soubise, de Lescun, conseiller à Pau, de Vensin [1], etc., et les villes de St Jean d'Angély, de Privas, Aymargues, Toneins, Clérac, la Rochelle, etc., qui se sont perdues es années 1620. Voila pourquoy j'aymerais mieux me plaindre de loin de tel feu que d'en aller remuer le brazier mal à propos. Non que j'y craigne ou plaigne mes cendres, si elles pouvoient ou l'estoufer ou le couvrir, mais je vois qu'il s'accroist davantage par les faccions...

PRINCE. — Un bon prince avec un mauvais conseil vaut mieux qu'un mauvais prince avec un bon conseil, selon l'opinion d'aucuns, mais d'autres sont d'un contraire avis... A ce propos fut jadis traitée question par quelques personages de marque, savoir lequel estoit plus expédient au public d'avoir un prince faible de sens, assisté de sages seigneurs ou bien des seigneurs de faible conseil comandés par un prince sage. Question certes

1. — * Il est reparlé au mot TABLE du sieur de Vensin qui fut tué à la suite de l'entrée de Louis XIII à Navarrenx.

qui pourroit trouver divers parrins pour le soutien du pour et du contre, car il se trouve tel prince lequel, bien que faible d'esprit ou d'entendement restablit ou conserve son estat, comme en ceste France on a veu qu'au commencement du règne de Charles 7 plus attentif à autres choses, même à faire l'amour à sa belle Agnès, qu'au restablissement de son royaume, toutesfois fut remis sus et son royaume restabli par la sage conduite, premièrement de Jean, bastard d'Orleans, et en après par le conestable de Richemont et par La Hire et Poton, deux capitaines natifs du lieu de Sarain en ce païs de Soule en Basques (et dont les noms subsistent aud. Sarain par telles dénominaisons des maisons de leur origine vulgairement dicts Cazehous)[1] et d'autres vaillants personages de son temps et de ses armées dont la fortune et le bon conseil lui servirent plus que son adresse.

Et ainsy de plusieurs autres... Au contraire il se trouve plusieurs princes qui pouvant beaucoup par leurs sens et suffisance, toutesfois assiégés de plusieurs mauvais conseillers ont esté parfois réduicts à beaucoup de misères et de calamités. J'ay conu en mes jours un seigneur, oui seigneur, car de droict de naissance il estoit seigneur souverain des lieux de Nabas et Bisqueys et home de très bon esprit, nomé François de Méritein, qui pour avoir escouté et suivy les induccions de certaïnes persones meschantes et vicieuses s'est perdu d'honeur, de biens et de vie.

PROCÈS. — Norrir et prolonger le procès est enfreindre le sixieme commandement du décalogue. Pour remédier auquel inconvénient, cy-devant, entre autres ordres de justice éparses en diverses parts, en Soule, la cour de Licharre se tenoit sous un noyer non loin du pont de Mauléon et les procès y estoient jugés par des juges jugeants, gentilshomes potestats et autres terre-tenans, sommairement. Encore aujourd'hui, quatriesme de juillet 1665, à Larraun, en ce païs de Soule, le prieur du dict lieu, home laïque et plébeyen, électif, pour un an, y juge les causes sans escriture.

---

1. — * Les biographes ne fixent pas avec précision le lieu de naissance d'Etienne de Vignoles dit La Hire et de Poton de Saintrailles. Les noms patronymiques Vignoles et Saintrailles étant en même temps des noms de fiefs, les biographes énoncent, par induction, que le premier devait être originaire de Vignoles en Bigorre, le second de Saintrailles en Agenois. Le renseignement de Béla est plus positif, mais demande à être vérifié.

PROVERBES. — Les proverbes sont des cousins germains de la vérité [1].

PROVERBES ET DICTONS BASQUES :

— « *Aritic bihia eta çouretic ezpala* [2]. »
* Le grain vient de la huche et les copeaux du bois.

— « *Assec gosse, ezta Koussa.* »
* Il ne faut être ni rassasié ni affamé.

— « *Aurthen amore berriagatic,*
Ez tut uteiren çaharra. »
* Pour l'amour de cette année ne délaisse pas l'ancien.

— « *Azturu gaitzari houna hugii.* »
* La mauvaise habitude déteste la bonne.

— « *Bat milaren,*
Eta ez mila baten. »
* Donne un pour mille et non mille pour un.

— « *Besta houna, Bezperatic.* »
* Bonne fête après vêpres.

1. — * Nous avons dit que les *Tablettes* contiennent une infinité de proverbes dans toutes les langues ou idiomes anciens et modernes que connaissait l'auteur. Cette « sagesse des nations » n'est pas toujours exempte d'un grain de sottise et même de folie, elle est souvent en contradiction avec elle-même, mais, pour cela, n'en est peut-être que plus humaine. La portée philosophique et morale mise à part, il est certain que sous cette forme concise et imagée, le sentiment populaire, l'observation, l'expérience, le caractère d'une race, les ressources d'un idiome se montrent en raccourci, parfois d'une manière saisissante. Chaque peuple y laisse voir sa physionomie, chaque parler ses tournures. A ce titre seul, cette littérature primitive serait déjà digne de curiosité. Nous bornons nos extraits aux proverbes basques, béarnais et gascons que nous n'avons pas rencontrés dans les recueils imprimés.
— Pour les interprétations qui présentaient quelque difficulté, nous avons été aidés, en ce qui concerne le basque, par notre affectionnée et proche parente, Madame de la Villehélio, qui a publié un recueil de *Chants basques* avec notation musicale, et par M. l'abbé Inchauspé, ancien vicaire général de Bayonne, l'auteur du *Verbe basque,* dont la haute compétence est universellement connue ; en ce qui concerne le gascon, par notre vieil ami J.-F. Bladé, correspondant de l'Institut, historien et folkloriste gascon hors de pair. Il n'est que juste que ces obligeants collaborateurs trouvent ici nos remerciements.

2. — * D'après une note de M. l'abbé Inchauspé, il faudrait *arcatic* de *arca* coffre et non *aritic* de *ari*, qui n'est pas un substantif mais un verbe signifiant : travailler, agir. — Chaque chose vient de sa source.

— « *Bicitce gaytzac hil nahia.* »
* A vie difficile, mort facile [1].

— « *Biden bero*
    Chorien dago. »
* Les fruits de la haie qui borde le chemin sont pour les oiseaux.

— « *Bi etchetaco, horac çaria gora.* »
* Le chien de deux maisons a le panier haut [2].

— « *Boronthatiac cençua gal.* »
* Vouloir fait perdre la raison [3].

— « *Çahar nendiu*
    Çora nendiu. »
* J'ai vieilli, mon courage aussi.

— « *Caldi maradicatuc,*
    Bilhoa lein. »
* Au cheval maudit, poil luisant.

— « *Chazco ouhounac (diren) aurthencoen urkaçala.* »
* Les voleurs de l'an passé font pendre ceux de cette année.

— « *Conseillua sapphar peco*
    Guero ere aguerrizco. »
* Le conseil doit être tenu caché sous le buisson, il suffira qu'il soit connu plus tard.

— « *Criquetz héri, criquetz sendo.* »
* Sitôt malade sitôt guéri [comme on dit des enfants].

— « *Dakoussanac goure beztia*
    Estaguigue goure beharra. »
* Qui voit notre habit ne voit pas notre misère.

— « *Ekar badeçac oregui*
    Ukenen duc gauregui. »
* Si tu en portes avec toi tu en auras avec nous [4].

— « *Elçoac ussuric gaitz* [5]. »
* Les moucherons en nombre sont importuns.

1. — * La mort est moins redoutable au malheureux.
2. — * Ce prov. est dans Oïhénart avec une forme différente. Le chien qui a deux maîtres, a sa mangeaille placée bien haut.
3. — * *Boronthatiac*, proprement : volonté. Le mot *sentheriac*, qui signifie : passion désordonnée, conviendrait mieux, dit M. l'abbé Inchauspé. Mais tel quel, le proverbe n'est pas dénué de sens.
4. — * On ne doit pas compter sur les provisions d'autrui.
5. — * *Elsos ere elhia gaiz*, dans Oïhénart.

— « *Eliçatic hurranena*
    Pharadusutic urrunena [1]. »
* Loin de l'église près du Paradis.

— « *Emazte ederra bordeleco,*
    Guiçon ederra urkabeco. »
* La belle femme au b....., le bel homme à la potence.

— « *Errumera çouénac lekuya gal.* »
* Celui qui s'en alla en pélerinage perdit sa place [2].

— « *Ez horac çahia jan ez oittoer utzi.* »
* Le chien ne mange pas le son et ne le laisse pas manger aux poules.

— « *Ez houn bati botz*
    Ez gaitz bati hotz. »
* Pas heureux pour la bonne fortune, pas malheureux pour la mauvaise [3].

— « *Ezterra gula coin houretaric edanen dugun.* »
* Ne disons pas de quelle eau nous boirons.

— « *Gabiac aharra.* »
* La pauvreté est hargneuse.

— « *Garcia, garcia,*
    Gaixto batac badiac ague bercia [4]. »
* Un méchant en reconnaît un autre.

— « *Gossia bera jaoui* [5]. »
* La faim est [la meilleure] pitance.

— « *Halzez matraz hounec ez.* »
* De poutre d'aune rien de bon [6].

— « *Hiladi laydadi* [7]. »
* Meurs pour être loué.

— « *Hil ouste gabearen gagneco*
    Escoüa karioénic. »
* La chandelle posée auprès du défunt mort subitement coûte plus cher [8].

1. — * Variante dans Oihénart. — Le plus proche de l'église est le plus éloigné de l'autel.
2. — * Critique des déplacements que la nécessité ne commande pas.
3. — * Égalité d'âme dans le bonheur et le malheur.
4. — * Variante dans Oihénart.
5. — * Variante dans Oihénart.
6. — * Le bois d'aune ne vaut rien pour la construction. La solidité, la durée doit être recherchée dans toutes les entreprises.
7. — * Même sens dans Oihénart avec une forme différente.
8. — * Allusion à la coutume du pays basque d'entourer le corps du défunt de chandelles allumées. La mort subite prévient souvent les dispositions testamentaires et les successions *ab intestat* occasionnent des partages difficiles et coûteux. (Explication de M. l'abbé Inchauspé.)

— « *Hobe da laydo laburra*
  Ecin ez damu lucea. »
* Mieux vaut aide courte que longue promesse

— « *Hobe da neguecia*
  Eci ez soberania. »
* Mieux vaut le mésaise que la superfluité.

— « *Houna béré gaitzaregui.* »
* [Prends] le bon avec son mauvais [1].

— « *Jaurico presentac*
  Escua ondoan [2]. »
* Présent du seigneur est suivi de demande.

— « *Jou done Justic*
  Hegalac bousti. »
* Saint Just, les ailes mouillées [3].

— « *Lehenac bi escu.* »
* Le premier [arrivé, ou l'aîné] a deux mains [4].

— « *Min duyénac boulharra jo.* »
* Que celui qui a fait le mal se frappe la poitrine.

— « *Nahi eta nagui.* »
* Vouloir et ne pas vouloir [5].

— « *Nour da hiré etsaya?*
  Ene officiocoa. »
* Qui est ton ennemi? — Celui qui est de mon métier [6].

— « *Ontassunac galtcen ditu sura condemnatuac*
  Bayta ordurano béré escuco içatuac [7]. »
* Plus la richesse a les mains serrées, plus elle est reprochable.

— « *Ore houna duhuru bilha daguiala !* »
* La bonne heure où ton bien sera en argent [8] !

---

1. — * Prendre les choses avec leurs qualités et leurs défauts.
2. — * Variante dans Oihénart.
3. — * 6 août. Fête de Saint Just et de la Transfiguration. Béla applique ce dicton aux pluies qui annoncent l'automne.
4. — * Les premiers arrivés ont des avantages.
5. — * Littéralement : Voulant et paresseux à vouloir.
6. — * S'applique aux envieux qu'on rencontre parmi ses parents, ses amis, ses confrères.
7. — * Cette maxime est reproduite dans le *Manual devocionezcoa* d'Etcheberri (Bordeaux, 1627). Mais il semble que cet auteur l'a empruntée lui aussi à la sagesse des nations.
8. — * Béla explique ainsi ce proverbe : « La richesse en deniers contants n'est pas la plus asseurée, ce que considérant le Basque dit par imprecation à son mal voulu : *Ore...*, c'est-à-dire : que ton de quoy soit réduit à de l'argent. »

— « *Orga gaiztoenac carrancaric handiena* [1]. »
* La charrette la plus mauvaise est celle qui fait le plus de bruit.

— « *Orhico choria*
    Orhin la guet. »
* L'oiseau d'Orhi se plaît à Orhi [2].

— « *Otsoa nolaco*
    Umia halaco. »
* Tel est le loup, tel est son fils.

— « *Phicac gara gara*
    Umiac hala hala. »
* La pie dit gara gara, son fils dit de même.

PROVERBES BÉARNAIS ET GASCONS

— « *An de neou, an de Deou.*
Mais après Noël :
    Tantes nebades, tantes peyrades. »
* An neigeux, an de Dieu ; mais après Noël : autant de neiges autant de coups de pierre.

— « *Arribanes et amous,*
    Las prumières son las meillous. »
* Rubans et amours les premiers sont les meilleurs [3].

— « *A trufes ni à debères*
    Ab lou seignou nou vouillés parti pères. »
* En plaisantant ou par devoir, ne partage poires avec ton seigneur [4].

— « *Au desestruc la rioule.* »
* Au maladroit la ruade [5].

— « *Bau mey bone vente que bet pa.* »
Mieux vaut bonne vente que beau pain [6].

1. — * Dans Oihénart avec une forme différente.
2. — * Variante dans Oihénart. — Orhi est le nom de la plus haute montagne de Soule, presque toujours couverte de neige.
3. — * La comparaison n'est pas très ingénieuse, mais je ne trouve pas d'autre signification à *Arribanes*. Il faut peut-être entendre, comme le pense mon savant ami J. F. Bladé : Rubans et amours plaisent surtout dans leur fraîcheur.
4. — * Le partage avec un supérieur est toujours malaisé.
5. — * Les maladroits sont sujets à être rudoyés.
6. — * La meilleure marchandise, pour le marchand, est celle qui se vend le mieux.

— « *Béqui la hère, béqui l'yver*
Béqui la plouye darreou Ber. »
* Voici la foire, voici l'hiver, voici la pluie derrière le Ber [1].

— « *Cassadour de carligne,*
Nou croumpa jamey de sa casse ni camp ni vigne. »
* Chasseur de chardonneret n'acheta jamais, du produit de sa chasse, ni champ ni vigne.

— *Cent mounges et cent abbats*
Nou haran pas bece à l'ase se nou plats.
* Cent moines et cent abbés ne feraient pas boire un âne contre son gré.

— *Deou hust l'estère.*
De nature casse lou ca.
De nature put lou bouc.
* Dieu (fait la souche). De nature chasse le chien. De nature pue le bouc [2].

— « *De prim'en sus se coneix lo betet*
Se sera bœou bou et bet. »
* On connaît tout de suite si le jeune taureau fera un beau et bon bœuf.

— « *Despuix lou mes d'aoust*
La plouye est darre ou broust. »
* Après le mois d'aout, la pluie est derrière ou devant.

— « *Ed bau may sede bas et disna gras*
Que sede haut et disna pauc. »
* Mieux vaut être au bout de la table et bien dîner que d'avoir une place d'honneur et faire maigre chère.

— « *Force me platz.* »
* La contrainte me plaît [3].

— *Lo Bearnes de nature*
Quand pla esta se mude.
* Le Béarnais, de sa nature, quand il est bien se déplace [4].

— *Lou bastou he da aunou.*
* Le bâton (à la main) inspire du respect.

— « *Lou layroun quand va per vie*
Si noun pane, ja s'espie. »
* Le voleur, par chemin, s'il ne vole déjà épie (pour voler à l'occasion).

1. — * La foire de N. D. de Septembre, à Oloron. Le Ber, montagne, près de cette ville.
2. — * Les mots *hust l'estère*, du premier de ces proverbes qui ont tous les trois le même sens, m'embarrassent. *Hust* qui est *fust* avec l'aspiration gasconne peut être l'indicatif du verbe *fusta, fusteja*, travailler le bois; *estère* peut être une forme *d'esteu*, souche, estoc. Sous toutes réserves.
3. — * Pour certaines choses il est bon d'être contraint à les faire.
4. — * Humeur changeante des Béarnais.

— « *Lou mau merent mèdix se sent.* »
* Le plus misérable se sent.

— « *Lous enfans d'un bente*
   Nou soun pas d'un trempe. »
* Les enfants d'un même ventre ne sont pas d'une même trempe.

— « *Nou sap que ses de Dieu prega*
   Qui nou es estat en port ni en ma. »
* Il ne sait pas ce que c'est que prier Dieu, celui qui n'a pas été sur
la mer ou dans un port.

— « *Oueils y a que s'agraden de lagagne.* »
* Il y a des yeux qui sont contents d'être chassieux.

— « *Pren Guirautou, pren*
   Lou be quoan te bien. »
* Prends, Guirauton, prends le bien quand il t'arrive.

— « *Que bachet pleu ey lou que mens toumège.* »
    . . . . [1].

— *Que quet digues et que que hagues,*
   A ti medix mau nou hagues. »
* Quoique tu dises ou tu fasses
A toi-même ne fais pas de mal.

— « *Qui leche la hille dou besi per un alet*
   En pren un aute dap vingt et sept. »
* Qui laisse la fille du voisin pour un petit défaut en prend une autre
avec vingt-sept [2].

— « *Qui noun a deou sou*
   Noun a deou bou
   Ou nou l'a en sasou. »
* Qui n'a du sien n'a du bon ou ne l'a en saison (en temps voulu).

— « *S'arrependi puix après n'es pas temps.* »
* Il n'est plus temps de se repentir après la faute.

— « *Serque guerre que patz te daran.* »
Cherche guerre, paix on te donnera.

---

1. — * De *bachet* et de *toumège*, je ne saisis pas la signification et je
ne trouve pas ces mots dans les lexiques. Béla cite ce proverbe à propos de ces deux aphorismes : Les gens de peu d'effet sont de grands
discoureurs ; *Ubi verba sunt plurima, ibi frequenter egestas.* — *Tou-
mege* est un verbe au fréquentatif. Si on lisait *tounège*, fréquentatif de
touna, on devinerait qu'il s'agit du tonnerre et de la pluie : un peu plus
de celle-ci, un peu moins de celui-là.

2. — * *Alet*, en béarnais, haleine, souffle, un rien au figuré. La traduction donne le sens général.

PUNIR. — En juin de 1661, fut en Soule M. Bernard de Goye-
nèche, prestre, curé de Moncayole, ayant sédicioné les gents du
tiers Estat, disant que pour faire ce que dessous il avoit commission du roy et de la reyne en sa poche qu'il touchoit pour
s'en faire accroire, et en assemblée de 5 ou 6 mille paysans
fesant abbattre les temples de ceux de la Religion réformée,
exerçant la justice royale, taillant les gentilshommes, démolis-
sant des maisons, mettant aux ceps quelques-uns, faisant levées
d'argent du peuple et autres désordres dont luy réussit, par
arrest du parlement de Bordeaux [1], le tranchement de sa teste et
la penderie de Monhort, son complice, et falut que le surplus de
la populace eut une amnistie du roy [2].

RELIGION. — Il y a de l'honeur et du profit d'être de la Religion.... L'Allemagne qui, avant le Christianisme, estoit inculte
en beaucoup de cartiers est à présent enrichie et parsemée de
plusieurs belles et grandes provinces, villes, bourgades, bourgs,
villages, fruicts et champs qu'elle a pour le jour d'uy. Autant en
peut on dire de plusieurs autres. En ceste ville de Mauléon, des

1. — Du 5 de novembre au dict an 1661. Exécuté en la campagne
inférieure de Charre le 8 du mesme mois.
[* Charre d'après Béla et non Licharre, comme l'ont écrit les autres
historiens.]
2. — * Béla semble présenter ici la sédition du curé de Moncayole,
dit *Mateias*, comme une jacquerie dirigée principalement contre les
Calvinistes et contre les nobles et les riches. Elle eut bien ce caractère,
mais pour en faire connaître la cause et lui assigner sa véritable physionomie il fallait dire qu'elle ne fut que la suite et l'apogée du mouvement qui s'était déclaré dès 1643 et qui, en réalité, ne cessa d'agiter la
Soule durant plus de 20 ans. La répression fut sanglante. Les insurgés
furent écrasés par les troupes du roi commandées par le s[r] de Calvo.
Il y eut ensuite plusieurs condamnations à mort en justice réglée et
une sentence générale portant la même peine contre tous les fauteurs
ou complices de l'insurrection. André de Béla-Chéraute, dont le château
et les terres avaient été pillés et dévastés, aida de sa personne à la
réduction des factieux. M. de Calvo étant arrivé avec sept compagnies
de chevau-légers, les établit à Chéraute et se logea lui-même dans le
château. Le lendemain il fut « attaqué par les habitans de la dite
paroisse et autres du tiers estat du dit pays, au nombre de 4 ou 5.000
hommes armés, et dans ce combat, André de Béla Chéraute, écuyer
gentilhomme du dit lieu, combattit durant toute l'attaque des dits
rebelles jusqu'à leur entière deffaite, à la teste de la cavalerie, avec
beaucoup d'ardeur, d'honneur et conduite et d'utilité pour le service
du roy ». (Attestation signée du s[r] de Calvo, à Chérauto le 18 octobre
1663.) — A la suite, André de Béla-Chéraute reçut mandat du tiers-état
à l'effet d'obtenir de la clémence royale une amnistie en faveur du pays.
Sa mission aboutit heureusement et le tiers-état le dédommagea des
frais de ces démarches en 1699. (Papiers de Béla.) — On trouvera au
mot SOULE des détails inédits sur l'histoire *financière* de ces troubles.

ménageries et plants d'arbres fruitiers, domestiques et autres défrichemens de forests et taillis, complant de vignes et telles choses, d'aucuns de la Religion, depuis mon siècle, ont amélioré l'entour de quatre pour un qu'il estoit auparavant. Il en est de mesme en Béar et en Saintonge, Périgort, Agénois, Quercy, Cévènes, Languedoc et autres contrées de la France esqueles ceux de la Religion ayant agencé et amélioré les lieux, les cutoliques Romains passans par ces lieux accomodés disent ainsy : Voyés ces meschants huguenots come ils se sont emparés des meilleurs païs, et pour ce on les démange de tailles et contri-bucions.

D'ordinaire, la religion nouvelle tâche d'abolir l'ancienne.... Regardans ce qui s'est passé ches nos voisins, nous trouverons que sous les rois et princes où la religion réformée a esté receue la religion romaine a esté regetée. Mais es Ligues après avoir combatu sur cela il a esté truité d'endurer la division par canton ; si, on lés a vues ensemble par composicion en aucunes villes de la Germanie, ainsy qu'en Béar, en Soule, en la Basse Navarre où les cloches servoient à appeler les peuples chascun à son temps, aux exercices de sa religion, à advertir chascun de son mort, etc., où des temples servoient à une heure aux uns pour la messe et aux autres pour le presche, etc. de chascune des dictes religions, ou les cemetières estoient indifféremment comuns à tous, et si es cemetières parroissiaux y avoit des lieux de sépulchre particuliers, ainsy qu'ils le sont signament en Soule, et qu'on eut des chapelles particulières dans les églises matrices ou oratoires, non obstant la différence de religion, chascun estoit enterré en son sépulchre particulier de dehors l'église ou d'au dedans icelle, fut-ce chapelle ou autre endroit, et esquels lieux et provinces les catholiques romains et ceux de la religion se faisoient compères et comères au faict des baptes-mes de leurs enfans, contractoient des mariages des uns et des autres, et d'autres les accompagnoient en telles choses et aux convois de leurs morts indifféremment. Toutesfois la malice du temps a altéré ces moyens de concorde, car ils ont tous cessé par ordonnances des évesques de la comunion de Rome à leurs peuples, et par ordre des synodes, colloques et consistoires à ceux de la Religion. Et ainsy es dites affaires et autres de la société, on vit aujourd'huy en grande différence et peu de comu-nicacion, pour le respect de la religion...

... Pour la religion, les enfans ont laissé la cause des pères, les serviteurs le service de leurs maistres. J'ai veu chez le sieur de Jauréguiberri, de Libarren, un valet de la communion de Rome, refuser de faire la fosse nécessaire pour la sépulture du corps de la demoiselle sa maistresse, décédée, et de la porter avec d'autres au sépulchre.

RÉVOLTÉ. — Les catholiques Romains se servent de grands artifices pour faire révolter ceux de la Religion[1]. J'en pourrois rendre et justifier témoignages et fort allichatoires exercés envers moy Béla, en telle occurence, mais ce que Dieu garde est bien gardé et je rends grâce à sa divine bonté de ce qu'il m'a préservé de cet inconvénient.

... Plusieurs révoltés (en Béar, le marquis de Lons, vers la fin de l'an 1648) et d'autres, par la miséricorde de Dieu se sont remis au giron de l'église.

Et au regard du marquis de Lons, ce que j'en dis cy-dessus est notoire à Pau et en plusieurs autres endroits de Béar, de Gascogne, de Bigorre, de Basques, de Bayonne où il avoit faict sa révolte, espousant sa femme, fille du feu seigneur de Gramont, à la messe. Estant vray qu'aller à la messe pour y espouser une femme, ou autrement pour cas d'office de piété, est un très grand péché. Vray aussy est il que la miséricorde de Dieu est sans bornes... Et *per ea quæ quisque peccat, per ea punitur et ipse.* Je Béla pour tel forfait d'avoir espousé ma femme à la messe en suis là et en cest estat dis-je entre autres prières a sa divine bonté : *Et spiritum sanctum tuum ne auferas à me Domine.*

L'exclusion des honeurs a [souvent] opéré à la conversion des grands et des médiocres à l'endroit des ambitieux d'honeur.... Sous Loïs 13 et Loïs 14, père et fils, roix de France et de Navarre, Jacques de Bonne, seigneur des Diguières, duc et pair de France, mareschal de France et gouverneur du Dauflné, quittant sa religion réformée, se fit de la comunion de Rome, pour parvenir come il parvint ainsi à la charge de conestable de France. Le sieur de Gassion, président au Parlement de Navarre, de la

---

1. — V. Magendie, en sa *Défense de l'Union des Réformés,* p. 62. — [* Béla entend par révolte la conversion à la communion Romaine et quand il parle de l'église sans qualification, c'est du culte réformé qu'il s'agit.]

religion réformée, en laquelle il fut baptisé et élevé et qu'il professoit, du soir au lendemain se résolut d'aler à la messe et y ala tout froidement pour que le sieur d'Oyénart, doyen des conseillers du dict Parlement qui estaient catholiques Romains, ne présidât devant le dict de Gassion, en conséquence d'un arrest du conseil du roy, portant qu'en considération de la religion de sa Magesté, ceux qui la professoient, bien que non que conseillers, précederoient, voire et les présidens de la dite religion réformée. Et aussy sans offenser persone, bone partie des officiers du roy du dict Parlement et d'autres siéges de France ne se sont jls pas rendus de la comunion à Rome, pour ce qu'ils ne pouvoient estre admis autrement à leurs charges et offices !

Et crois je aussy, que ce qu'au païs de Basques, les honeurs d'église sont réels es eglises parroissiales (si que plusieurs, en droit soy, y ont des sépulchres et des sièges particuliers et y jouissent (et surtout des femmes catholiques, quoique gens rustiques) des honeurs et prérogatives d'aler à l'offrande, à baiser la paix, etc. de telles choses par préférence à des persones de leurs sexes qui sont de plus éminente qualité, de meilleure maison, es d'autres respects après les patrons et patrones laïques, immédiatement), provient de ce que les maistres ou maistresses de leurs maisons se rengèrent au christianisme en telle église des premiers ou premières et plus tost que d'autres ; et de la sorte se sont conservés les dicts droits honorifiques et faict considérer iceux pour réels ; et pour ce ils leur sont conservés en justice, voire et si les maisons dont les maistres ou maistresses ont le dict droit sont vendues de vente amoureuse ou rigoureuse (qu'est le décret de justice) tels honeurs passent avec le sol de la maison vers l'acheteur. Et ainsy telles maisons sont rendues de plus de considéracion qu'elles ne le seroient autrement.

SERVITEURS. — Parfois les fautes des serviteurs sont imputées aux maistres et les ruynent et leur causent bien des fascheries et à leurs amis. J'en ay veu l'expérience en la maison d'Etchaux, pour le meurtre du sieur de Licératçu, faict l'an 1648 par Payole, homme de chambre du sieur visconte d'Etchaux ; et pour ce le dict sieur visconte et plusieurs de ses amis, come **L'Abbadie de Terris, prisonnier à Dacqs, plus d'un an y a,** pour led. excès et qu'on parle de traduire à la cour de Pau et luy doner la question ; et d'autres, compris le sieur de Bélaspect, bailli de Mauléon, mon fils, en ont esté bien en peine, voire moy en despense, en mon privé nom, pour libérer mon dict fils de la tour de Pau en laquelle des malveillans du dict sieur visconte et les siens l'avoient logé[1]. Ainsi le fut Madame la viscontesse d'Etchaux, belle-mère du dict seigneur visconte, qui eut un adjournement personnel au parlement de Pau et y alla rendre son audicion et mourut tost après. Et, d'autres en ont receu d'autres desplaisirs et incommodités. Galba ne fut point autrement mauvais prince, mais la meschante vie de ses serviteurs et affranchis gastarent son honeur et furent des principales causes de luy faire perdre l'empire et la vie. Les meschans conseils de ses vicieux sugets de Nabas ruinarent l'honeur et les comodités du sieur de Méritein, souverain du dict lieu de Nabas et de Bisqueys, et luy firent perdre misérablement et come à un chien sa vie et priver sa légitime postérité de sa dicte souveraineté unie au parlement de Navarre. Je suis tesmoin oculaire de ces choses et participe à la douleur de la pluralité des maux qu'il fit à feu mon père.

SOIN. — La guerre finie, il faut avoir soin de réserver des soldats pour le cas ou elle reviendroit, afin de ne pas faire come ceux qui n'en ayant tenu de prests ont à se fournir en grande haste, lorsque le danger les talonne, de ce qu'ils peuvent ramasser. Faisans leurs recrues et levées dans des estables, dans des cuysines, des tavernes, des carrefours, de mendians, de larrons, de fainéants, de joueurs, de débauchés, de paysans, de vigne-

1. — *Nous n'avons pas d'autres détails sur cette affaire. Salomon de Béla dit de Bélaspect, bailli royal de Mauléon depuis 1646, avait épousé Catherine de Ruthie, fille de Pierre, seigneur de Ruthie et d'Aussurucq et de Jeanne d'Echaux. Il était ainsi allié rapproché du vicomte d'Echaux. C'est sans doute à cette circonstance qu'il dut d'être compris dans la plainte comme suspect de partialité, en qualité de juge, en faveur des complices présumés du meurtrier. Il ne fut retenu que quelques jours et réprit l'exercice de sa charge de bailli qu'il remplit jusqu'à sa mort.
On sait que le décret d'ajournement personnel (mandat de comparution), décerné sur la plainte des parties, entraînait alors couramment, pour la commodité de l'information, la détention préventive qui n'avait pas dans l'opinion le caractère qu'on lui attribue de nos jours, — injustement du reste, quoique la mesure soit appliquée avec beaucoup plus de prudence et par l'initiative du juge. Il n'en est pas moins vrai que le fait d'emprisonner un magistrat de l'ordre judiciaire, chef de service dans son ressort, pour le rendre à ses fonctions quelques jours après, dénonce une époque singulièrement troublée et un milieu de désordre et d'intrigue.

rons, de courtauts de boutique, de clercs de palais, etc., qui au bout auront bien le nom et feront bien le nombre de soldats, mais dont la plupart n'ont la force, le courage, l'adresse, l'obéissance ni la cinquantieme partie des qualités requises es vrais et bons soldats. Tellement que cette marmaille déshonore souvent les chefs : tesmoins les gens de M. de la Force au siège d'Ayre, le régiment de Toulouse au siège de Montauban, les recrues des sieurs vicomte de Macaye et de Castanoles au siège de Dôle, le régiment de Paris à Corbie, le régiment de Bourdeaux encore es jours passés au siège de Libourne et infinité de telles occurrences esqueles une poignée de vieux experts bons soldats foëtent cette marmaille de soldats faicts du jour au lendemain, comme un chien faict fuir un troupeau de cerfs.

SOULE. — La Soule est une visconté composée d'une petite ville ouverte et d'un chasteau à demy desmoli, des bourgs de Barcus et de Tardetz et de 62 paroisses et 69 communautés. Sa longueur puis le midy jusqu'au septantrion est de sept lieues. Le midy avoisine la Haute-Navarre et son septantrion la province de Béar. La largeur est de trois lieues. Elle a le Béar en son levant et la Basse-Navarre en son couchant. Au commencement de ce siècle elle contenait 4.099 feux et environ 25.000 habitans. Elle fut convoquée, pour les Estats-généraux de 1614, au baillage de Dacqs dont elle dépendoit.

La Soule, d'origine, composoit un petit estat séparé gouverné par un visconte, par dix potestats et les gentilshommes possédans fiefs. Elle fut acquise par les ducs de Guyenne qui la tinrent jusqu'à 1451 que le conte de Foix, seigneur de Béar, la conquit sur les Anglois qui la possédoient. L'an 1478, le roi Louis onziesme acquit la Soule des mains du conte de Foix et elle fut incorporée à la Couronne et au duché de Guyenne.

Le roy est le visconte et le seul seigneur haut justicier de tout le pays de Soule. Son domaine lui donnait par an, avec le contrerolle, la somme de 4.700 livres de rente. Il avoit accoustumé d'avoir anciennement environ de 3.000 livres de taille sur le tiers-estat du dit pays, jusqu'au règne du roy Henry second qui deschargea les habitans de Soule de toutes tailles et autres subsides en considération de la pauvreté du pays et de leur fidélité envers la Couronne de France. Tous les rois suivans et mesme le roy régnant leur ont confirmé cette grace.

[* Voici l'énumération, donnée par Béla, avec leur date, des lettres de franchise en faveur de la Soule, de Henri II à Louis XIV :

Patentes de Henry second. Du 13 mai 1553.

Patentes de François second. Du 2 novembre 1559.

Patentes de Charles IX. Du 24 novembre 1567.

Confirmation du même. Du 18 janvier 1574, à St-Germain-en-Laye.

Patentes de Henri III. Du 26 juin 1575, à Paris.

Patentes confirmatives ou de surannation, du même. Du 8 novembre 1576, à Paris.

Nouvelles lettres confirmatives et extensives du même. Du 20 décembre 1582, à Paris.

Patentes de Henri IV. Du 22 décembre 1593, à Mantes.

Patentes confirmatives du même. Du 20 août 1594, à Paris.

Patentes de Louis XIII. Du mois de février 1612, à Paris.

Patentes de Louis XIV. Du mois de novembre 1643, à Paris.

Au temps de Béla les Patentes de Henry II et de François II, ainsi que les premières lettres de Charles IX étaient perdues ou n'existaient plus que par extrait. Notre auteur a transcrit les suivantes de 1574 à 1643. Nous ne reproduirons que celles de 1574. Toutes les autres sont conçues à peu près dans les mêmes termes.]

Charles par la grâce de Dieu, roy de France, a tous ceux quy ces présantes lettres verront, salut. Nos chers et bien amés, manans et habitans de nostre visconté de Mauléon de Soule, nous ont fait dire et remontrer comme nos prédécesseurs roys ayant esgard à la situation du lieu quy est infertille, joignant et contigu des pays étrangers comme des Royaumes d'Aragon et Navarre, auroint octroyé et donné exemption des tailles, impôts, subsides et autres charges quelconques pour quelque cause que fût aux dits habitans auxquels, leur auroint esté continués et confirmés par nos trés honorés sieurs père et frère, les Roys Henry et François que Dieu absolve, et depuis par nous en nostre advènement à la couronne ; et en conséquance des dicts privilèges et exemptions a eux ainsy concédés et confirmés, nous leur aurions octroyé nos lettres pattantes du vingt quatrième de novembre mil cinq-cens-soixante-sept, dont l'extrait est cy attaché par lesquelles nous aurions déclaré voulu et ordonné qu'ils fussent tenus quittes et deschargés des subsides de cinq sols pour muy de vin, et autres mesures à l'équipolant, entrant en chacune de nos villes et faux bourgs de cestui nostre Royaume, aussy de la contribution des deniers à nous accordés pour l'extinction d'icelluy subside en l'estandue de nostre pays et duché de Guyenne, et pareillement de la contribution qu'il convient lever au dict pays pour la construction et édiffication du pont neuf dict Boucaut de Bayonne ; et combien qu'ils deussent jouir des dits priviléges et exemptions suivant nos vouloir et intention, toutesfois au moyen de ce que, durant les troubles passés, les dits suplians ont perdu tous et chacun les papiers origineaux concernant les dicts priviléges et franchissements, desquels ne leur est demeuré que les extraits des confirmations d'iceux à eux faicts tant par nos dicts père et frère que par nous et la déclaration susdicte cy attachés, l'on les peut constraindre au payement et contribution des tailles et plusieurs autres impositions dont, comme dict est, nous et nos dicts prédécesseurs les avons exemptés ; à cause de quoy ils nous ont très humblement supliés et requis, afin que dores en avant ils ne soint travaillés ny molestés contre et au préjudice de la faveur qu'ils ont cy devant receue de nos dicts prédécesseurs et nous, leur vouloir sur ce pourvoir ; savoir faisons que nous, pour les mesmes causes quy ont meu nos dicts prédécesseurs et nous d'octroyer aux exposans les dicts privilèges affranchissements et exemptions, désirant les gratiffier et favorablement traitter en cet endroit, en considération mesmes qu'ils nous ont de tous temps esté bons et fidelles sujets, après avoir faict voir les extraits des confirmations des dicts privilèges et exemptions a eux concedés par nos dicts père et frère et par nous, cy attaches sous le contrescel de nostre Chancellerie ; Avons de l'avis de nostre Conseil dit déclaré et ordonné, disons, déclarons et ordonnons, voulons et nous plait que les dits habitans de Mauléon de Soule jouissent et usent dores en avant plainement et paisiblement des privilèges, franchisses et exemptions dont leurs prédécesseurs ont cy devant bien et duemeni jouy et ils jouissent encores de présant, jaçoyt qu'ils ne puissent exiber les origineaux des dictes exemptions et privilèges quy ont esté comme dict est accordés cy devant, de la perte desquels pour les considérations susdictes et autres à ce nous mouvans nous les en avons relevés et relevons de grâce spécialle par ces présantes, par lesquelles donnons en mandement à nos amés et féaux les gens de nostre cour de parlement de Bordeaux, gens de nos comptes, trésoriers de France et généraux de nos finances et de la justice des aydes, sénéchal des Lannes ou son lieutenant et à tous nos autres bailifs, séneschaux, prévosts, juges ou leurs lieutenans, esleus sur le faict de nos aydes et tailles, comissaires à faire les autres emprunts et assiettes des susdicts, maires, majeurs, eschevins, consuls et magistrats, gouverneurs et administrateurs de nos villes et à tous nos autres justiciers et officiers qu'y appartiendra, que de nos presans déclaration, vouloir et intention et de tout le contenu cy dessus ils fassent, souffrent et laissent iceux suplians jouir et user plainement et paisiblement, sans aller ny venir au contraire ; et sy aucun arrest, trouble, saisissement ou empeschement leur avoint esté fait, mis ou donnés au contraire, en corps ne en biens ou autrement en quelque manière que ce soit, les mettent et fassent mettre tantost et sans délay à plaine et entière délivrance et au premier estat et deu ; et à ce faire, soufrir et jouir contraignent ou fassent contraindre tous ceux qu'il appartiendra, et que pour ce fairont contraindre par toutes voyes et manières deues et resonables, nonobstant oppositions ou appellations quelconques et sans préjudice d'icelles, pour lesquelles ne voulons estre différé. Car tel est nostre plaisir, nonobstant comme dessus et quelconques mandemens, deffances et lettres à ce contraires. En tesmoin de quoy nous avons fait mettre nostre scel à ces dictes présantes au vidimus desquelles duement collationné par l'un de nos amés et feaux not[res] et secrétaires, nous voulons foy estre ajoutée comme au présant original. Donné à S¹-Germain-en-Laye le dix huitiesme de janvier l'an de grace mil cinq cents soixante quatorze et de nostre règne le quatorsiesme. Ainsy signé sur le reply pour le Roy et son Conseil.

BRUSLART [1].

Le gouverneur de Guyenne avoit accoustumé de mettre au chasteau de Mauléon un capitaine pour la garde d'iceluy et pour estre le chef de la police et de la justice de toute la dite visconté. Ce fait est justifié par les provisions que le feu seigneur mareschal de Lautrec, gouverneur de Guyenne expédia l'an 1517 au sieur Menaut de Béarn, qui est énoncé dans la coustume escrite du dit pays de Soule. Les dites provisions justifient de plus que les appointemens du dit capitaine chastelain lui estoient payés par les trésoriers du roy.

Il y avait en Soule deux jurisdictions distinctes, celle du bailliage qui estoit dans l'enclos de la ville de Mauléon, exercée par le bailli seul, comme représentant du roy, et celle de Licharre, dont le territoire commençoit au dela du pont de Mauléon et estoit exercée par le lieutenant de robe longue du capitaine et les gentilshommes du pays, composant la cour de Licharre.

En l'année 1641 ou environ, dans le temps que le sieur de Belsunce estoit le capitaine chastelain gouverneur du dit pays de Soule, le Roy sachant que le dit chasteau de Mauléon luy estoit plustost à charge qu'à profit, parce que par l'union de la Basse-Navarre et du Béarn à la Couronne, la Soule n'estoit plus renfermée des provinces estrangères et que les places de Navarrens et de St-Jean-de-Pied-de-Port suffisoient sans le dit chasteau de Mauléon pour la garde de la frontière, il fit demolir le chasteau et vendit le domaine de Soule au feu sieur de Troisvilles.

La vente du dit domaine et la démolition du dit chasteau cho-

1. — Les lettres de Louis XIV, en 1643, contiennent les mêmes exemptions y compris « la contribution que convient lever pour la continuation du pont neuf de Boucaut de Bayonne ».

quèrent si fort le dit sieur de Belsunce [1], qui en estoit le gouverneur et qui en cette qualité jouissoit tous les revenus du dit
domaine vendu, qu'il se mit à cabaler les officiers de la justice
du dit pays, ensemble les principaux du clergé et de la noblesse,
entr'autres les sieurs évesque d'Oloron et de Chaboix, commandeur d'Ordiarp, pour le dit clergé, et les dits sieurs de
Moneins et de Mesplès du corps de la noblesse, les tous ennemis et jaloux de la bonne fortune du dit sieur de Troisvilles, et
les nommés d'Oyhénart [2] et Bonnecaze, syndics du tiers estat
du dit pays, qui estoient bien aises qu'il y eut du mouvement
dans le pays pour se grandir et s'enrichir dans le maniement
des affaires.

Le 3 juillet 1641, le dit sieur de Belsunce et sa dite cabale
firent assembler les estats du dit pays et leur firent passer un
acte par lequel ils firent résoudre les dits estats au rachat en
pure perte du dit domaine. A ces fins, ils firent créer neuf
députés (MM. d'Arbide, prieur de Fagelle et vicaire général de
l'évêque d'Oloron, et de Chaboix, commandeur d'Ordiarp, pour
le clergé ; de Béla-Chéraute, potestat et syndic de la noblesse
du pays, et le sieur d'Aroue sr de St Martin, pour la noblesse ;
Arnaud de Casenave, h[t] de Viodos, Domingo de Chaboix, h[t] de
de Libarren, Bernard d'Abbadie, h[t] de Musculdy, Guillaume
d'Abbadie, notaire à Ithorrots, Pierre d'Arhets, advocat en
parlement et jurat de Barcus) avec pouvoir aux dits députés
d'emprunter les sommes nécessaires pour le rachat du dit
domaine, avec clause que le clergé s'obligera au paiement
des dites sommes pour une huitiesme portion, la noblesse
pour une autre huitiesme portion et le tiers estat pour le
surplus.

Les dits sieurs de Belsunce, de Moneins, de Mesplès et autres
de leur cabale se voyant maistres de cette délibération, ils en
forgèrent une autre le 15 septembre 1642 chez le dit sieur éves-

---

1. — * Dès l'année 1636, Armand de Belsunce, capitaine châtelain de
Mauléon, avait poussé le tiers-état de Soule à s'assembler pour députer
auprès du roi aux fins de le supplier de ne pas aliéner son domaine de
Soule. Charles de Belsunce, fils du chatelain, et Pierre de Bonnecase,
syndic du tiers-état furent en effet députés vers le roi, mais leur mission
échoua. Ils réclamèrent 7.700 livres pour leurs frais et avances et voulurent faire imposer cette somme sur les trois ordres. Il y eut procès
et une certaine agitation qui était le prélude des événements plus graves
récités par Béla. (Pièces originales. Papiers de Béla.)

2. — * Arnaud d'Oihénart, l'écrivain.

que, par lequel ils présupposent que les dits députés donneront pouvoir au dit Chaboix commandeur et à un autre d'emprunter la somme de 60.000 livres du sr de Hiton, capitaine au régiment de Bretagne, pour estre employée au rachat du dit domaine. Cet acte est retenu par le nommé d'Arhetz, homme d'affaires du dit sr de Moneins et par le nommé Bonnecase, frère du dit Bonnecase syndic, tous deux pauvres notaires dévoués aux passions de la dite cabale [1].

Le lendemain 16 du dit mois de septembre 1642, les dits srs de Moneins et Mesplès se persuadant qu'au moyen des dits actes des 3 juillet 1641 et 15 septembre 1642, ils avoient toutes les sûretés qu'ils pouvoient désirer de la part des estats du dit pays de Soule, ils passèrent procuration en faveur du dit Chaboix, commandeur, et du nommé d'Abbadie, député du tiers-estat, pour emprunter des mains du nommé Mirassor [2], agent du sr Hiton, la dite somme de 60.000 livres, tant en leurs noms qu'en celluy de tous les dits députés sous l'obligation solidaire de leurs biens [3].

Le 21 aoust 1643, les dits de Moneins et Mesplès prétendent aussi d'avoir emprunté la somme de 24.000 livres au sr Claverie, par ordre des députés des dits estats de Soule, aux fins de faire le rachat du dit domaine, parce que disent-ils les 60.000 livres du premier emprunt ne suffisoient pas.

Tous ces emprunts et prets ainsy faits par l'ordre des dits srs de Moneins et Mesplès (et à suite d'un arrest du Conseil d'Estat du mois d'avril 1644, par lequel ils disent qu'ils avoient esté déboutés du dit rachat), ils présupposent que les députés à qui ils avoient confié l'argent en ont dissipé la plus grande part, à la réserve de 38.000 livres que le dit Mesplès retira de leurs mains,

1. — * Il faut distinguer dans cet exposé les faits qui sont bons à connaître et les appréciations plus ou moins justifiées et qui sont le reflet des passions et des rivalités de l'époque. Ainsi, quand il est dit que Belsunce, Moneins et Mesplès *forgèrent* la délibération du 15 septembre, il faut entendre que leur influence la détermina, car elle eut lieu réellement et avec toutes les apparences de la régularité. J'en ai l'expédition authentique sous les yeux.

2. — Noble Jacob de Mirassor, abbé séculier de Moncla, avocat en parlement.

3. — Et sous le cautionnement de MM. Arnaud de Maytie, évesque d'Oloron, Clément de Moneins, baron du dit lieu, Charles de Belsunce, vicomte de Méharin, Charles d'Etchart, procureur du roi en Soule, Bertrand de Belsunce, capitaine commandant du château de Mauléon, Jacques de Béla, avocat en parlement et sieur de la maison noble d'Othegain et autres. (Délibération du 15 septembre 1642.) (Papiers de Béla.)

à ce qu'il dit, et de les avoir employées au paiement des intérêts des dites sommes empruntées.

Le sieur de Belsunce se voyant descheu du gouvernement du dit chasteau de Mauléon, à cause qu'il avoit esté rasé par ordre du roy et aussi de la jouissance des revenus du dit domaine à cause de la vente d'icelluy, il abandonna le pays et ses partisans et vendit l'an 1646 sa dite charge de gouverneur au sieur comte Tolongeon [1], pour la somme de 12.000 livres, qui sur la démission que le dit sieur de Belsunce en fit, quittant la voie du gouvernement de Guyenne, se pourveut devers le roy pour en avoir les provisions, sous le titre de gouverneur et chastelain de Soule. Et en l'année 1648, ayant représenté au conseil du roy, pendant sa minorité, que les prisons du pays de Soule estoient de tout temps dans le dit chasteau desmoli, il y surprint un arrest sur requeste portant permission de lever sur le tiers estat du pays la somme de 3.000 francs, sans conséquence, pour restablir les dites prisons et pour lui tenir lieu de ses gages. Sous prétexte de ce prétendu arrest sur requeste, le dit sieur comte Tolongeon a levé tous les ans sur le dit tiers-estat de la Soule, la somme de 3.120 livres [2]. Par ce moyen, le tiers-estat du dit pays se trouve frustré de la grâce que nos rois lui avoient accordée par les dites lettres patentes qui les deschargeoint de toutes tailles, et les dits gouverneurs chastelains jouissent annuellement du montant des dites tailles que les rois avoient accoustumé de prendre sur le dit tiers-estat, et outre cela ils jouissent des appointemens que les anciens capitaines du dit chasteau jouissoient au temps avant la desmolition par ordre du roy et qu'il y avoit en iceluy une garnison de mortes-payes.

Quand aux dits sieurs de Moneins et Mesplès ils s'advisèrent de sommer les députés du pays entre autres le sieur de Béla-Chéraute qui estoit le syndic de la noblesse, par acte du 19 septembre 1647, pour venir à compte touchant les dites 60.000 livres empruntées du dit sr Hitton et des 24.000 livres empruntées du sr Claverie, ensemble des intérêts... soustenans que les dits

1. — Henry de Gramont, comte de Toulongeon, maréchal de camp, gouverneur de Bayonne, etc. V. pour ce capitaine châtelain et ceux nommés ci-après l'ouvrage déjà cité de M. de Jaurgain.

2. — * Il a été ajouté postérieurement et d'une autre main : « Jusqu'en l'année 1676 qu'il vendit sa dite charge au sieur abbé de Troisvilles pour le prix de 45.000 livres, quoiqu'elle ne luy coustât que 12.000 livres. Finalement celuy-ci l'a vendue à M. de Moneins, qui la possède présentement avec les dites 3.120 livres imposées sur le dit tiers-estat. »

créanciers les pressoient au paiement des dites sommes et intérêts (avec offre de payer leur cotte part des dites sommes,
n'estant pas juste qu'eux deux seuls payassent le total des dites
sommes et intérêts), à quoy il fut respondu par le sr de Béla
qu'il n'avoit agi en cette affaire que comme député et qu'il offrait
de vaquer à l'examen pour savoir ce que les dites sommes
estoient devenues, entre mains de qui elles avoient resté et
quelle utilité le public en avoit reçu[1].

Cette response avec celle des autres députés qui n'avoient eu
en vue que le bien du roy et celuy du publiq, obligèrent lesd. de
Moneins et Mesplès de faire un procès au parlement de Pau
contre le syndic du tiers-estat du dit pays, sous le nom du sieur
baron de Domy, subrogé en la place du dit Hitton pour les dites
60.000 livres. Ce procès fut évoqué au Conseil privé du roy et
renvoyé, par arrest du dit conseil du 20 décembre 1650, au parlement de Rennes où la cause fut retenue.

Une sorte d'accord intervint entre les dits de Moneins et
Mesplès et la plupart des nobles du pays, en 1660. Ils firent
reconnaitre qu'ils avoient payé tant de l'argent qui leur restait
que de leurs propres deniers les 84.000 livres, acquis ainsi la
subrogation contre les trois ordres et firent fixer la somme qui
leur restait due par la noblesse à 15.375 livres qui furent cotisées
sur 56 gentilshommes du dit pays. Le sr de Béla Chéraute fut
fixé à 1.131 livres.

En même temps les dits de Moneins et Mesplès se mirent en
devoir d'exécuter les particuliers du tiers estat.

Leurs violences firent soulever le dit tiers estat, lesquels
furent réduits à l'obéissance par les troupes que le seigneur de
St Luc, lieutenant de roi de la Guienne, envoya sous la conduite
du sr de Calvo, gouverneur de la ville d'Aïre en Flandres et
lieutenant général des armées du Roy. Ce n'est qu'après leur
entière réduction que le dit tiers-estat paya aux dits sieurs de
Moneins et Mesplès la somme de 92.500 livres ou environ sans
en avoir retiré aucun profit.

Il fallut en même temps solliciter l'amnistie du roy sur l'arrest
de condamnation à mort prononcé par le parlement de Bordeaux

---

1. — * En 1655 le clergé et la noblesse consentirent à ce que 60.000
livres fussent levées sur le pays au moyen d'une taxe sur le vin, mais le
tiers-état protesta dans plusieurs assemblées particulières de la même
année, refusant de reconnaître la validité des délibérations de 1641-1642
et la légitimité de la dette. (Pièces originales. Papiers de Chéraute.)

contre le dit tiers-estat[1] pour le dit soulèvement de l'année 1661. Il en cousta encore plus de 2.000 livres.

TABLE. — N'ayant guère de quoi y faire moudre les dents, c'est une folie que d'amuser de discours les gens à table, qu'en tout cas de propos gays. Je me trouvai en ceste espreuve à Tarbe, au bout du pont, l'an 1631, chez Monlonc, hoste, qui n'ayant à table que quelque meschante salade, me paissoit, à son advis, des discours de ses exploits en la tuerie du feu sieur de Vensin, de Maisonneuve et du capitaine Gentilart, retirés de Navarrenx après que le roy Louis 13 y eut changé la garnison[2].

VOCACION. — Les premiers restaurateurs des ruines de l'église au temps de nos prédécesseurs n'estoient point des persones sans charge, ains gens employés es principales charges de l'église, come en France, le cardinal de Chastillon, Calvin, chanoine de Noyon, Bèze, prieur de Longemeau et plusieurs tels autres... Ayans esté de tels ouvriers, mesme en Bear, le cardinal d'Armagnac, Jaques de Foix, évesque de Lescar, Gérard Roussel, evesque d'Oloron, etc. et en Basques : en Soule, M⁴ Jean d'Etchart de Montory, prestre, M⁴ Jean de Tartas, de Chéraute, prestre, M⁴ Pierre de Landetcheberry, d'Endurein, prestre, M⁴ Jacques de Buztunohy[3], de Lakarri, prestre ; en Labour, M⁴ Jean de Leycarague, de Briscous, prestre, etc.

1. — * L'amnistie fut accordée au commencement de 1662, et en vertu d'une ordonnance de M. de Saint-Luc, lieutenant général de Guienne, en date du 30 mars, le tiers-état se réunit en assemblée générale aux fins de nommer des députés pour poursuivre l'enregistrement des lettres-royaux d'abolition. La réunion eut lieu, comme d'usage, au bois de Silviet, le 11 avril 1662. André de Béla Chéraute, écuyer, potestat, fut nommé député, avec deux membres du tiers-état. (Pièce originale. Papiers de Béla.) — Sur cette sédition de 1661, Jacques de Béla a laissé d'autres notes qui ont été utilisées par MM. l'abbé Menjoulet et de Jaurgain et sont citées par ces auteurs sous ce titre : *Journal de l'insurrection des Basques sous la conduite de Matalas,* par Jacques de Béla. Manuscrit appartenant à M. Louis Batcave.

2. — * V. le mot CONJURATION. Après que Louis XIII eut remplacé le gouverneur de Navarrenx, de Sales, par le sieur de Poyanne et installé le sieur de Créqui comme commandant de la place, les frères de Vensin (ou de Bensin) neveux de l'ancien gouverneur, avec 5 ou 600 hommes armés, tentèrent une entreprise contre cette ville où ils avaient de nombreux affidés. L'attaque échoua, et procès criminel fut fait aux conspirateurs dont une dizaine furent exécutés à mort. D'après Poeydavant, t. III, p. 258, Bensin et ses compagnons échappèrent au supplice qui les attendait. Béla semble dire cependant que Bensin fut tué.

3. — * Jacques de Bustanoby a son article dans la *France Protestante.* Béla donne ici deux renseignements ignorés des frères Haag et

Chascun doit s'acquitter de sa vocation et ne la négliger non pas mesme (sans nécessité) pour vaquer au service de Dieu. Avis, quand auquel j'ay remarqué que pour y avoir contrevenu, entre autres par le feu sieur de Lescun, conseiller du roy au parlement de Navarre, séant à Pau, luy ayant abandonné sad. vocacion de conseiller aud. parlement, pour, par un zèle aveugle de religion ou autrement, empescher à son possible, l'exécucion de l'edit de Loïs 13 touchant la main levée des biens ecclésiastiques de Bear, come député des églises réformées dud. Bear, après estre allé à une assemblée tenue à la Rochelle et y avoir prins des comissions de guerre, surprins qu'il fut avec icelles comissions, à son retour, et mis es mains du parlement de Bourdeaux, y fut supplicié au grand regret de ses femme et fille (aujourd'uy 28 de mars 1650, appellée à Pau Madame la procureuse générale ou de Hau) parens et amis. Et son d. office doné au sieur d'Abadie Lieuron, en 1620 [1].

VŒUX. — Les vœux faicts aux saincts sont d'invention illicite... Vous y voyés le peuple tellement adonné qu'ils y placent la pièce la plus essentielle de la religion. Que de gens acourent es grandes festes, et églises de Nostre Dame (en Soule à Sarrance, à Sainte Grace et à Alos, etc.), en Béar à Sarrance, à Beaurain, etc., ailleurs à Monsarrat, à Garéson, à Lorete, à Buglose, à Berdclays, etc., d'autres à Sainct Jacques de Galice..., à Jerusalem, à Rome, etc.), pour gagner les pardons et accomplir les vœux qu'ils ont faict à l'honeur de tels saincts ou sainctes.

de M. Bordier, savoir que Bustanoby était originaire de Lakarri (Lacarre, en Soule) et qu'il avait été prêtre. Son fils fut ministre à Mauléon et exerçait en 1663 dans le temple que Jacques de Béla avait fait construire à ses « propres cousts » dans sa maison de Mounes. (Papiers de Béla.)

1. — * V. Poeydavant, *Histoire des troubles de Béarn*, t. III, p. 300.

www.ingramcontent.com/pod-product-compliance
Lightning Source LLC
Chambersburg PA
CBHW062031200326
41519CB00017B/5002